古典文獻研究輯刊

七編

潘美月・杜潔祥 主編

第1冊

七編總目

明代書坊之研究

陳昭珍 著

國家圖書館出版品預行編目資料

明代書坊之研究／陳昭珍 著 — 初版 — 台北縣永和市：花木蘭文化出版社，2008〔民 97〕

序 2+ 目 2+122 面；19×26 公分
含古典文獻研究輯刊七編總目

（古典文獻研究輯刊 七編；第 1 冊）
ISBN：978-986-6657-52-8（精裝）
1. 書業 2. 明代

487.70926 97012636

ISBN - 978-986-6657-52-8

古典文獻研究輯刊
七 編 第 一 冊 ISBN：978-986-6657-52-8

明代書坊之研究

作 者 陳昭珍
主 編 潘美月 杜潔祥
總 編 輯 杜潔祥
企劃出版 北京大學文化資源研究中心
出 版 花木蘭文化出版社
發 行 所 花木蘭文化出版社
發 行 人 高小娟
聯絡地址 台北縣永和市中正路五九五號七樓之三
電話：02-2923-1455／傳眞：02-2923-1452
電子信箱 sut81518@ms59.hinet.net
初 版 2008 年 9 月
定 價 七編 20 冊（精裝）新台幣 31,000 元

七編總目

編輯部　著

《古典文獻研究輯刊》七編　書目

專題文獻研究

出土文獻研究

《七編》各書作者簡介・提要・目錄

第一冊　明代書坊之研究

作者簡介

陳昭珍，畢業於國立臺灣大學圖書資訊學研究所博士班，目前擔任國立臺灣師範大學，圖書資訊學研究所教授兼所長。並且曾在國家圖書館的閱覽組兼編目組和輔導組兼閱覽組，擔任主任；亦曾擔任國立臺灣師範大學社會教育學系副教授；與曾在輔仁大學圖書資訊學系，任職副教授與講師。

其專長爲數位圖書館與數位典藏、資訊組織、圖書館自動化、數位學習，與數位出版和數位學習標準系統及知識管理等。

提　要

書坊刻書是書籍生產的基本力量，書坊是商品書籍流通分配的主體，它們的分佈最廣，影響最深遠，在我國書籍發展史及整個民族文化史上可說厥功甚偉。但在歷史正史、方志或前人的筆記小說中，有關於書坊的記載，猶如鳳毛麟角，本文研究之目的，主要在闡述明代書坊刻書之特色，統計書坊總數、刻書總數，及探討有關書坊之種種問題。

本文主要採歷史研究法，收集各種文獻，加以統計分析。統計得明代書坊就可考者共計四〇五家，刻書一一三二種。首先按照其地區加以分述，再就書板之轉移、書籍之盜印與書坊印書之謬加以探討，並論及明代書價與書籍之流通等問題。

本文因限於時間與文獻之不足，無法完整與深入，冀能拋磚引玉，喚起同道者研究之興趣，對本文有所增改，並不吝賜教。

目　次

第二冊　抗戰時期商務印書館之研究（1932～1945）

作者簡介

溫楨文，私立中國文化大學史學系畢業、國立清華大學歷史研究所碩士，目前在國立政治大學歷史系研究所攻讀博士學位。

提　要

本書討論的對象是戰時商務印書館，時間斷限是從商務印書館遭受一二八事變災難打擊至商務董事會深感局勢日蹙，議決通過往長沙遷廠，準備應變開始，到王雲五離開商務爲止。在內容方面，除了緒論及結論外，擬列三章、八節及若干小目來討論，以下僅就各章的結構分述如下：

第二章災難與轉折：「一二八事變」至抗戰初期商務印書館的肆應與過程。本章的宗旨即在討論一二八事變對商務印書館造成「文化」的創鉅痛深暨其「實業」戮力復興的過程，繼而說明其意義，對於後來抗戰初期商務印書館的決策與因應產生何種的影響？論述的切入點將側重商務的文化出版工作，如此更能清晰的窺知商務印書館對變局的反應之道並從中側寫出商務印書館兩大領導人物——張元濟與王雲五此間所扮演角色的全貌。

第三章上海「孤島」時期的商務印書館。本章首先將探討「孤島」時期商務印書館的文化出版活動如何續存？從中引起文化界搶救古籍的行動，進而影響合眾圖書館的誕生，展現了另外一種「抗日救亡」的形式。接著討論抗戰期間商務印書館的最後兩次職工運動，王雲五皆明快斷然的處理，終至抗戰結束前，商務印書館不再受此「不定時炸彈」的威脅，對於抗戰後期文化出版活動的撐持有關鍵性的影響。另外，汪精衛與商務印書館的關係亦擬在此章作一初步爬梳，爾後汪氏建立的政權於教育方面與商務印書館多有接觸，而沒有發生激烈傾軋的情形，當有所關聯。一一釐清這些問題，方能正確評價這一時期的商務印書館。

第四章蟄居與待曉：抗戰後期的商務印書館。本章擬討論太平洋戰爭爆發後，商務印書館如何在淪陷區與大後方堅持文化出版工作？上海商務印書館如何依違在日敵與汪政權間？而其爲求生存計所參與「五聯」的組織又何以引發王雲五的不滿，甚而導致抗戰勝利後商務印書館復員工作之延宕。王雲五此間所策劃的復興商務印書館的工作，深受政府實力派人物的關注並給予必要之奧援，是否影響王氏日後棄「商」從政？都是值得注意的問題。

目　次

第三冊　惠棟《古文尚書考》研究

作者簡介

趙銘豐，1976 年生，台灣臺南人，台北華梵大學東方人文思想研究所儒學組碩士。

提　要

本論文的研究進路包含「緒論」與「結論」共為五章。

第一章：「緒論」共分三節。第一節將就惠棟《古文尚書考》的研究動機與研究目的發聲。第二節則交代筆者對於惠棟《古文尚書考》的文本結構，與主要參考文獻的交叉分析。第三節則展現個人所持研究方法，對於惠棟《古文尚書考》所進行的三大考辨策略。

第二章：「惠棟《古文尚書考》文獻徵引的學術價值」共分兩節。第一節將就惠棟《古文尚書考》所徵引的十二則「梅鷟曰」的文獻價值進行平議。第二節則就惠棟《古文尚書考》的「閻君之論」與「間附閻說」，論述閻若璩《疏證》抄本的傳布情況，希望藉此還原惠棟當時所目睹《疏證》的抄本，因爲抄寫條件的差異，多少會造成惠棟以及後代學人對於理解閻氏《疏證》的偏差。

第三章：「惠棟《古文尚書考・卷上》考證方法」共分兩節。第一節將就考辨方法的「邏輯基點」發聲，說明惠棟如何樹立以「孔氏《古文尚書》五十八篇」與「鄭氏述古文逸《書》二十四篇」作爲考辨眞《古文尚書》的邏輯基點。第二節則說明惠棟如何在上述兩項前提下，進行「證孔氏逸《書》九條」、「梅氏增多《古文》二十五篇」、「辨梅氏增多《古文》之謬十五條」、「辨《尚書》分篇之謬」等等，由承認漢代眞《古文尚書》曾經存世的前提下，所開展出的推理辨證。

第四章：「惠棟《古文尚書考・卷下》辨僞舉證」共分兩節。第一節就惠棟《古文尚書考・卷下》辨僞舉證的隱性重出，彙整出「獨出惠棟」、「惠棟與梅鷟」、「惠棟與閻若璩」、「惠棟、梅鷟、閻若璩」等四個重出組別，說明惠棟考辨《古文尚書》的辨僞舉證與他者的重出比例，並檢驗這四個組別辨僞舉證的的證據效力。

第五章：「結論」。筆者將就「惠棟《古文尚書考》的成就及其在《古文尚書》考辨史上的學術地位」，提出個人最後的結論。

目　次

第四冊　《說文解字》引《詩》考異

作者簡介

朱寄川：民國三十二年生，籍貫湖南省長沙縣人，成長於台北縣新莊鎮。

學　歷：國立台灣師範大學國文系畢業
　　　　中國文化大學中國文學研究所碩士班畢業

曾　任：私立高級耕莘護理學校專任國文教師
　　　　私立高級育達商業職業學校專任國文教師

現　職：私立台北海洋技術學院通識教育中心專任國文講師
　　　　私立中國科技大學通識教育中心兼任國文講師

著　作：《孟子思想體系》〔約 10 萬字〕
　　　　《詩選賞析》〔約 5 萬字〕
　　　　《說文解字》引《詩》考異〔約 16 萬餘字〕

碩士論文：《說文解字》引《詩》考異〔約 16 萬餘字〕

單篇論文：〈出土文獻研究〉、〈東坡居士的參禪悟道與禪詞研究〉、〈白居易的長恨歌賞析〉、〈楊家將演義研究〉、〈樂府詩歌賞析〉、〈綜論天台宗，華嚴宗，禪宗的思想特色及成佛之道〉、〈從般若波羅密多心經、論菩薩修證境界〉、〈佛學專題研究報告、落紅不是無情物，化作春泥更護花〉

提　要

王念孫〈說文解字注序〉曰：「《說文》之爲書，以文字而兼聲音、訓詁者也。」又云：「訓詁、聲音明而小學明，小學明而經學明。」〔註1〕誠哉斯言。每讀《詩》經，常感於其中假借字甚多，辭義闇昧難明，恐有"別風淮雨"之誤，求諸《說文》，又見其引《詩》之處與今本異文者，屢見不鮮，爲探賾索隱，先對前賢研究中，見解獨到、精微之處，予以提示、章顯，簡略之處，予以補充，訛誤之處，則加以訂正，從其文字、聲韻、訓詁三方面，作詳實縝密之考證，分辨引《詩》異文之正借，說明其本義或引申，各章內容如次：

第一章　〈諸論〉：

敘述本論文撰寫之動機、目的及研究材料與方法。

第二章　前賢對《說文解字》引《詩》之研究成果：

分別就吳玉搢《說文引經考》；柳榮宗《說文解字引經考異》；陳瑑《說文引經考證》；雷浚《說文引經例辨》；承培元《說文引經證例》；馬宗霍《說文解字引經考》；黃永武《許慎之經學》等加以說明並論之。

第三章　《說文解字》引《詩》考異：

本章爲本論文之主題，卷帙浩繁，依《說文解字》引《詩》先後次第爲序，總計：二百四十五字，分條縷述，所列篆文、隸定均特爲電腦造字。有關「字目表」中之「字目」，本篇爲清楚起見，一概以《說文》引《詩》之字爲字目，不論楷書，篆書或隸書，除「《說文》所引爲『讀若詩曰』之字例外。

第四章　結論

就《說文解字》引《詩》考異中之本字、借字、訛字等分別列表統計於后，並歸結《說文解字》引《詩》異文表，於附錄，期能明其通假之變，窮音義之本，詳予考證，得經義之確詁，爲繼承民族文化之遺產充分利用。

卷末附參考書目及附錄。

〔註1〕見段注《說文解字》，洪葉文化事業有限公司出版，1998年（民國87年）初版，頁1。

目　次

第五冊　魏源《詩古微》研究

作者簡介

林美蘭

學歷：東吳大學中研所碩士

現職：彰化縣私立達德商工國文科專任老師
　　　環球技術學院兼任講師

著作：魏源詩古微研究

散文：1.〈登高抒懷——述「猴探井」風水奇聞〉
2.〈生命如同〉
3.〈美麗的「錯誤」〉
4.〈微笑的人生〉
5.〈青青河畔草——漢代古體詩欣賞〉
6.〈唯書是寶——我的學習經驗〉
7.〈「有打才有疼」〉
8.〈以花草爲師〉
9.〈老頑童傳〉

提　要

魏源（1794～1857）是晚清學術運動之啓蒙大師，一生經歷了乾、嘉、道、咸四個王朝。政治上，是清朝由極盛轉爲衰頽之際；學術發展上，則是發揚今文《公羊》微言大義之「常州學派」，漸次取代「乾嘉學派」之考據學。道光中葉後，世變日熾，魏源與一群師友：林則徐、龔自珍、包世臣等人，積極爲紛亂政局尋找救亡補弊之途徑，於是紛紛將《公羊》思想導入政論中，冀望能獲得世用。於此時勢與學術氛圍中，魏源不僅代賀長齡編輯《清經世文編》，又編纂《海國圖志》，發揮經世致用之精神。復撰成《書古微》及《詩古微》二書，使「常州學派」由《公羊》一家之言，拓展成今文經全面之學，居功厥偉。

今文學家講論《詩經》，常依託某一詩篇以發揮其托古改制之政治理念，《詩古微》亦然，係魏源發揚《詩經》微言大義及以《詩》諫世之理想，所論頗有創見。本論文以湖南岳麓書社出版、何愼怡點校本爲主，參酌魏源其他著述，以釐清《詩古微》之重要見解。因知人論世是研究之起點，故第一章先論〈魏源之生平著述與學術淵源〉；第二章〈詩古微之寫作動機與版本卷數〉；第三章〈詩古微論齊、魯、韓、毛之異同〉；第四章〈詩古微於前人詩說之批評〉；第五章〈詩古微於詩義之闡發〉；第六章〈詩古微說詩觀點之商榷〉。

目　次

第六冊　高亨《詩經今注》研究

作者簡介

蔡敏琳
國立彰化師範大學國文研究所碩士
現職爲高中教師

提　要

本論文共分爲七章，旨在研究高亨《詩經今注》的內容，及其詮釋觀點、方法、價值等。茲依其章節次序分述如下：

第一章是緒論。其內容主要說明筆者的研究動機，研究方法，研究範圍以及近人研究成果的評述。

第二章是高亨的生平傳略與《詩經今注》的成書與體例。所謂「知人論世」，故研究高亨的書，必先了解他的生平事蹟。其次敘述高亨撰著動機、成書時間，說明其成書的經過；最後則分析全書體例，彰明其撰述的方式。

第三章是論述高亨論《詩》的觀點。此章先探討高亨對《詩經》的採集與刪定所抱持的態度；再者考察高亨對於風、雅、頌的解釋；末述高亨對《詩經》的產生地域與寫作時代的看法。

第四章是《詩經今注》的訓釋方法。本章全面論述高亨詮釋《詩經》的方法，共分爲三節。首節考察《詩經今注》對於詩旨的探討；次節探究《詩經今注》對《詩經》字詞的訓釋；三節則是針對詩句的部分加以歸納說明。

第五章《詩經今注》對《詩序》、《朱傳》的態度。高亨並非一味駁斥舊說，此章將分別統計比較《詩經今注》與《詩序》、《朱傳》的異同，並舉出實例加以分析，以便進一步了解《詩序》、《朱傳》在其詮釋系統中的地位

第六章《詩經今注》的得失探討。本章全面檢視高亨對《詩經》所作的分析，歸納說明當中的精采與不足處，並論述高亨《詩經》學術研究方向與態度具有何種發展與前瞻的成就。

第七章結論。本章總結全文，並評騭高亨《詩經今注》一書的成就與貢獻。

目 次

第七冊　《史記》《漢書》儒林列傳疏證

作者簡介

黃慶萱，台灣師範大學國文研究所畢業，文學博士（1972）。歷任小學教師，中學國文教師，台灣師範大學國文系講師、副教授、教授。間曾訪問香港，出任浸會學院及中文大學客座高級講師。又曾訪問韓國，出任漢城外國語大學客座教授，高麗大學兼任教授，2000年，自台師大退休。著作有：《史記漢書儒林傳疏證》（1966）、《魏晉南北朝易學書考佚》（1975）、《修辭學》（1975）、《中國文學鑑賞舉隅》（1979）、《周易讀本》（1992）、《周易縱橫談》（1995）、《學林尋幽》（1995）、《與君細論文》（1999）等。

提　要

西漢二百年間經學之師承家法，苟欲得其條理，《史記》、《漢書》儒林傳，洵爲首要之學術文獻，本書合此二傳，重析其章節：第一篇〈史記儒林列傳〉分爲二章。首章〈序文〉，依時代順序復析爲七節；次章〈正文〉，視《五經》次第亦得七節，其中《詩》有魯、齊、韓三家也。第二篇〈漢書儒林傳〉分爲七章。首章爲〈序文〉；以下五章依次論《易》、《書》、《詩》、《禮》、《春秋》五經傳受；末章爲〈結論〉。〈序文〉依時代先後分節；《五經》傳受依師承家法分節；〈結論〉僅一節，〈儒林傳贊〉是也。

除以上分章節、稽篇章外，本書疏證者復有八事：定句讀、通訓詁、辨聲音、訂羨奪、正錯誤、校異同、徵故實、援旁證。又，〈儒林列傳〉就其內容言，爲經學之歷史，性質頗爲特殊，其經學淵源、時代環境尤應重視，本書於今文、古文，齊學、魯學，師法、家法數事，於有關各條並分別詳明之。又，爲使諸儒師承來龍去脈，條理井然，另作「西漢儒林傳授圖」、「西漢儒林大事年表」以爲附錄。

目　次

第八冊　從五體末篇看《史記》的特質——以〈平準〉、〈三王〉、〈今上〉三篇為主

作者簡介

呂世浩　福建省金門縣人，1971 年 12 月生。先後受業於臺灣大學歷史學系阮芝生教授，及北京大學考古文博學院宿白、徐蘋芳教授。並獲得北京大學考古學及博物館學博士，及臺灣大學歷史學博士。

著有《敦煌地區發現的漢代郵傳遺和簡牘的考古學研究——以懸泉置遺址為主》（北大博士論文）、《史記》到《漢書》的轉變：轉折過程與歷史意義（臺大博士論文），並先後於兩岸《燕京學報》及《漢學研究》等著名學術刊物，發表論文及書評多篇。現任國立故宮博物院器物處助理研究員。

提　要

古人著書，常於篇章首尾有所寓義。而阮芝生先生首言《史記》五體首篇皆寓「貴讓」之意後，對於五體末篇是否亦有寓意，便成為研究上值得注意的問題。本書之目的，在於透過論析書體、世家體、本紀體之末篇作意，及結合前人對表體、列傳體末篇之相關成果，來研究此一主題。

書體末篇是〈平準書〉，其於平準設置之原由，首尾凡敘三十七變，以明天子患貧求利之心日漸急迫，詐力之術輾轉相生而無窮，其極則以「平準」籠天下之利，世風亦因此而大壞。太史公將古今兩次世變，並列於正文及贊語之中，以明世變陵遲之因，在於天子一人之多欲。

世家體末篇為〈三王世家〉，太史公以編列公文書之作法，欲採武帝及群臣「自供之詞」，以彰武帝讓虛促實、好欲爭利之心。其於正文內不發一言，正可襯托出武帝君臣文辭之「爛然可觀」，又何言哉！

本紀體末篇為〈今上本紀〉，此篇雖亡，然由《史記》各篇對武帝之記述，則不

難明太史公之意，在譏刺武帝之所爲實與始皇無異。而由〈今上本紀〉亡佚的相關史料來看，此篇極可能爲漢廷所刪削。日後《史記・今上本紀》與《漢書・武帝紀》一亡一存，實乃因其作意不同所致。

是故知太史公欲以五體首末對照：以〈五帝〉之公讓，明〈今上〉之私欲；以〈三代〉之非爭貴讓，刺〈漢興〉之德薄私天下；以〈禮書〉之盡性通王，防〈平準〉之爭利不已；以〈吳太伯〉之口不言讓而讓心眞誠，譏〈三王〉之讓讓不已而心實欲之；以〈伯夷〉之奔義，諷〈貨殖〉之爭利。然後知撥亂反正之法，惟有「以禮義防於利」。知此寓意，則《史記》「論治之書」、「百王大法」之特質，於是明矣！

目　次

第九冊　唐代禮典的編纂與傳承—以《大唐開元禮》爲中心

作者簡介

張文昌，臺灣彰化人，民國 58 年 12 月生，畢業於國立臺灣大學歷史學系、歷史學研究所，曾任國立臺灣大學、明志技術學院兼任講師，國家科學委員會人文學研究中心博士後研究員，東海大學兼任助理教授。現任中央研究院歷史語言研究所博士後研究者，東吳大學兼任助理教授。研究領域爲中國中古史、中國禮儀史、中國法律史，與古代東亞史。學位論文爲《唐代禮典的編纂與傳承——以《大唐開元禮》爲中心》（碩士論文，1997）、《唐宋禮書研究——從公禮到家禮》（博士論文，2006）。研究論著與報告，包括〈李絳對元和中興的貢獻〉（1992）、〈敬老優齒——試探唐代的優老措施〉（1997）、〈《唐律疏議》與「三禮」〉（1999）、〈唐宋時代における礼書の意義を論ずる——中国における儀礼発展の視角から〉（2008）等數十篇。

提　要

本書之論旨，乃在透過考察漢唐間國家「禮典」的編纂與禮儀的傳承，藉以探討「禮」與「禮典」在國家所扮演的角色與功能，以及「禮典」在中國禮學與歷史上的地位。中國現存最早的國家禮典，是在唐玄宗開元二十年由蕭嵩所領銜編修之《大唐開元禮》，本書便是以《大唐開元禮》爲中心而展開討論。

相應於封建時代的古典中國，以皇帝爲權力頂端的郡縣制國家，是傳統中國最重要的國家性格。「禮」在封建國家中，原本是貴族的權力來源與身分象徵；但在郡縣國家中，國家最高的權力來自於皇帝，官僚是依附皇帝的權力而存在，皇權掌控了「禮」的建構權與解釋權。國家禮典的編纂，最重要之目的在象徵皇權與國家的禮儀權威。

禮典的建構過程，則是由漢代開始，至西晉完成第一部五禮兼備的國家禮典《新禮》，直到隋代《開皇禮》才眞正確立國家禮典的建制。唐代亦承襲隋代修纂國家禮典的政策，經過「貞觀」、「顯慶」二禮的過渡，終於在國力達到頂峰的玄宗開元年間，完成了中國禮典傳統最具代表性的國家禮典《大唐開元禮》。但之後旋即遭逢安史之亂，唐室在亂平後已無力再行編纂禮典。其間雖有「開元禮舉」的設立，並修撰補充《開元禮》之禮書，但終未能恢復《開元禮》所象徵之盛世。

《開元禮》地位的重要性，不僅是唐代國家禮典的代表，它還是一部彙集中國公家禮制發展的禮學結晶。除了對後世與鄰邦的禮儀典制產生影響外，《開元禮》應合當代現實的需求，與藉由律令達到懲治違禮者之功能，更是中國禮典傳統最重要的特色。

目　次

第十冊　裴鉶《傳奇》中詩研究

作者簡介

王怡文
銘傳大學應用中文碩士班畢業。

提　要

《傳奇》不僅記載神仙恢譎之事，也記載奇人異事。身爲晚唐小說的代表作之一，它繼承了前人的成果，又影響了後世的小說、戲劇，所以在小說史有一定的地位，故本文針對《傳奇》詩來研究。

全文共分爲六章：

第一章緒論，說明研究動機、研究範圍、研究方法。

第二章裴鉶生平及其《傳奇》，推論裴鉶的生活年代、地點，及寫《傳奇》的目的、成書年間、地點，並列出古人與今人收錄《傳奇》的篇章，和《傳奇》的主題思想。

第三章《傳奇》詩中的主題思想，個別分析二十一篇《傳奇》詩的主題，並依其主題劃分爲憂愁寒冷、賣弄才學、自薦枕席、其他四類。

第四章《傳奇》詩中的形式結構，依形式劃分爲七絕仄起、七絕平起、五言絕句、不合平仄四類，分別找出每首詩的平仄、押韻情形，並歸納裴鉶寫詩的韻譜。

第五章《傳奇》詩中的修辭技巧，舉例說明裴鉶在《傳奇》詩所使用的修辭技巧，如對偶、引用、層遞、雙關等，判斷其使用的優劣，並舉例說明《傳奇》詩在該篇所使用的篇章修辭技巧。

第六章結論，歸納《傳奇》詩的篇章、主題、詩作、修辭等研究成果，並簡述研究《傳奇》詩的心得、貢獻。

目　次

第十一冊　明代艷情小說研究

作者簡介

姓名：傅耀珍

學歷：國立高雄師範大學國文學研究所

現職：國立恆春工商國文科專任教師

學術研究成果：

學位論文：《明代艷情小說研究》　2006.6

期刊論文：

1. 〈柳暗花明又一村——從中國園林談陶淵明「桃花源記」之原型〉　發表於 2005.11.5「清大中文 2005 全國研究生論文討論發表會」
2. 〈網際網路中的語言現象探討——以台灣爲例〉　發表於 2005.9.1《國文天地》第二十一卷第四期
3. 〈嚴羽《滄浪詩話》「氣象」析論〉　發表於 2004.12《問學》第七期

4.〈超文本文學的美學探討與未來危機：以台灣超文本文學為例〉　發表於 2004.9.1《國文天地》第二十卷第四期
5.〈從《顏氏家訓》觀婦女對家庭的影響〉　發表於 2004.7.28《孔孟月刊》第四十二卷第十一期
6.〈鄭板橋之家書十六通的現代省思〉　發表於 2003.12《中國語文》第五五八期

提　要

本論文主要以研究明代豔情小說中的男性以及與小說相關的男性之心理特徵。一般而言，艷情小說的作者多為男性，其筆下的男性，有時是作者心理狀態之呈現，也時是當代男性的圖像，而豔情小說的創作是作者在個人經濟因素、圖書市場與消費者的期待下，有意創造的商品。因此，若從男性心理的角度觀之，豔情小說從作者、圖書市場到讀者，勾勒出明代男性部份的情欲圖像，從小說的創作到接受過程中，男性的性心理不斷的影響他人或被影響，意即：男性的性意識透過艷情小說而傳播。此外，小說中的女性有是研究男性心理的另一個角度，一方面，情節中女性的言行舉止，有可能是男性的心理期待；二方面，中國女性的思維與行為模式是在男性教育下形成的，因此，從對小說中女性的研究，或許也可成為研究男性性心理的另一片拼圖。

一、明代情色書寫的裸露程度甚於以前，人性中情感的部份減少，動物性的欲望增加。
二、男性對女性的「凝視」形成一種控制力量，這股力量的背後成顯出男性是女性為「第二性」與「陽具中心」心態。
三、作者於小說中構築一個「情色花園」，即男性的「色情的理想情境」。
四、艷情小說創作者在書寫中，呈現淫行書寫與勸誡說教之矛盾。
五、艷情小說作者創造一個性遊戲，而讀者也以遊戲心態加入遊戲中。
六、從性別、性認同與權力建構三方面來檢視艷情小說，其稱不上是性解放。

目　次

第十二冊　明清公案小說研究

作者簡介

王琰玲，福建東山人，民國五十八年出生於台灣台南。民國九十二年於中國文化大學取得中文博士學位，現爲建國科技大學通識教育中心副教授。

提　要

本文以明清公案小說爲探討對象。全文包含以下幾章：

第一章緒論，說明研究的動機及目的，並以公案小說專集在質與量上已具有一定的代表性，所以本論文以明清公案小說專集爲研究底本，說明本文的研究範圍及研究方法。

第二章公案小說的定義及形成，下分三節，第一節說明公案及公案小說的定義，第二節探討公案小說的源起，並說明其發展過程，先秦至唐、五代都屬於此一時期，第三節探討公案小說的形成，由宋朝的時代背景與文學發展討論其對公案小說形成的相關性。

第三章公案小說的案件性質，將明清公案小說專集所收案件，以犯案事實分爲人命官司、財務官司、人事官司、斬妖除魔並去除地方禍害、其他等五大類，並在類別下探討其犯案原因。將案件性質區分後，可以看見在專集中收錄最多的人命官司，約佔有五成，以此可以得知受編寫者青睞的案件類別，又以公案小說成書以謀利爲主，可以知道這也是讀者偏愛的案件類別。

第四章公案小說的故事書寫技巧，本章以故事中所呈現出的故事趣味點爲主要探討方向，故事如以官員才智走向發展的便歸在第一節人情事理中討論，如加入超自然現象者，則歸在第二節的神鬼靈怪討論。可以看見公案小說作者著墨最多的還是在斷案部份，而且多數的案件還是展現出官員個人機智的一面。

第五章從公案小說看明清的司法及官場風氣，第一節以探討明清司法爲主要方向，包括律法及執法人員，從案件判決探討明清時期的律法精神，同時由判決中也能看出官員超越律法的裁量權。第二節從案件內容看官場風氣，討論官員微服出訪的成效及衙役趁火打劫的惡習。

第六章從公案小說看明清社會背景，將犯案原因最高的兩類｜女色及錢財提出討論，第一節討論明清時期的貞節觀，討論對貞節要求與否的理由。第二節討論明清的經濟發展與犯案關係，就趨商風潮的原因及背景加以說明，並討論趨商而形成的犯罪情形。

第七章結論。綜述前幾章要點並個人看法爲本論文總結。

另有附錄，標明案件分類及出處，附錄二則以圓形比例圖，標示案件分類比例

目 次

第十三冊　王安石《字說》之研究

作者簡介

輔仁大學文學博士，淡江大學中文系教授。著有《王安石《字說》之研究》、《漢代《尚書》讖緯學述》、《東漢讖緯學新探》等書，以及論文〈王安石三不足說考辨〉、〈讖緯文獻學方法論〉、〈《尚書》嵎夷今古文考釋〉等數十篇。近年來專力於古代預言書與漢代讖緯學之探討，並於淡江中文研究所開設「古代預言書專題研究」、「讖緯研究」課程，陸續主持國科會個人研究計畫「漢代河圖、洛書研究」、「漢定型圖讖考釋」、中央研究院「經典與文化形成之研究」計畫之「儒家經典與讖緯」等案。

提　要

《字說》二十四卷，爲宋儒王安石晚年之字學專著，書出即爲新法黨人奉爲圭臬，竟以作舉子應試之定本，使之專行科場，前後長達三十六載，影響可謂深遠且鉅矣。

《字說》以說解物性本始，及文字形義爲主。惟王氏於說解之際，多附會五行，雜引道釋；又妄析字形結構，以明其尊君盡職之爲政觀念；穿鑿過甚，故頗受學者詬詈。

然吾人亦可由該書說解中，析編王氏之經學、哲學思想，及其經世致用理念，並窺其中年以迄晁年思想之轉變。實爲探究公新學及宋代科舉，最信實之材料。

惜《字說》自南宋亡佚以來，七百餘年不見是書流傳。故本文之撰作，廣蒐宋明清各朝學者之筆記、著作，以及近世學者之論述，凡言及王氏新學及《字說》佚文者，彙抄整理，分爲五章，詳爲考論。文凡三十萬字。

一章言宋初字學風氣，以明《字說》撰作時之環境背景。

二章考述《字說》之歷史，以編年方式，分爲七節，詳論其撰作，流傳及亡佚之始末。

三章討論輯佚之依據，並說明《字說》編排之體例，以證佚文之可言。

四章爲《字說》佚文之蒐輯與考釋，冀由此以重顯《字說》說解之原貌。

五章論《字說》說解之得失，以見後人評議之是非。

書末附以《字說》輯佚之白文，及王安石之手跡，或可由此一窺《字說》之斑豹，想見王氏之個性。

目　次

第十四冊　王筠之金文學研究

作者簡介

沈寶春，雲林縣人。國立臺灣師範大學碩士，國立臺灣大學中國文學博士。現任國立成功大學教授。著有《商周金文錄遺考釋》、《王筠之金文學研究》、《桂馥的六書學》諸書以及期刊論文數十篇等。

提　要

清於乾、嘉之際，《說文》研究者掙脫孤立之樊籬，由傳統典籍之徵引曲通中跨出，旁取實物資料——金文以參稽鎔鑄，攻難證成。致使文字學之內涵，拓展延伸，包容廣大，而風氣丕變，影響深遠。《王筠之金文學研究》凡欲透過清代說文四大家中，最具懷疑批判精神，勇於吐於納新、實事求是之王筠，藉其應用金文之別裁卓識，以具現此開新造之大權輿，並彰顯出清代小學蛻變興革之契機。

是由王筠個人著作之稿本、批校本、刊本中，橫蒐遍討，參照比觀，並廣稽時人之詩文雜著、日記載集、輔以史書方志、期刊論文……綜合歸納，比勘類別，由外緣契入內裡，自大境舖襯小境，循序漸進，一一推闡，以勾勒其表裡精粗之彷佛者。

《王筠之金文學研究》凡分四章，首論其意義及範疇；次論其形成背景；再論其援據金文之來源、應用之方法、應用之目的與得失；而以結論攏收之。凡立一說，則羅列證據；別爲發明，則細闡底蘊，冀能將其淵源流變與創通鎔裁，一一疏瀹郭清也。餘則以先世、年表、出處表附焉，以資參照。

綜此研究所得，知說文四大家中，王筠實使《說文》、金文兩相交融合轍之鈐鍵人物，而涵濡前說，集一時之大成；審辨精嚴，不盲從輕信；方法周備，大開後人心目；況能推廣古文字學之童蒙基礎教育，於四大家中，洵能深懷厚至，故王筠爲清代小學革命之具體表徵，亦不言可喻矣！

目　次

第十五冊　《易程傳》集校

作者簡介

毛炳生，廣東惠陽人，民國四十三年生。台灣師範大學國文系畢業，香港新亞研究所中國文學組碩士。曾任致理技術學院兼任講師、台北縣教育審議委員會委員，現任台北縣丹鳳國民中學教師兼補校主任。著作有《曹子建的詩經淵源研究》、《教師會何去何從》等書。

提　要

《易程傳》又稱《程氏易傳》、《伊川易傳》、《周易程氏傳》，北宋河南程頤正叔撰。程子自謂六十歲後始著書，〈傳序〉自稱作於哲宗元符二年，時六十七矣。其後學者請授，謂尚覬有少進，不肯示人，其傳《易》態度謹慎如此。及寢疾，始以授門人張繹、尹焞。未幾繹卒，其書散亡。門人楊時後得其書，謂錯亂重複，幾不可讀，乃始校定。南宋呂祖謙謂其所藏舊本出尹和靖（焞）家，標注皆和靖親筆。並與朱元晦所訂本與一二同志手自參定，其異同兩存之，並刊行於學官。今所傳《覆元至正》本卷一有「晦庵先生校正」字，即呂氏謂朱元晦所訂本耶？或坊間之假借爾？存疑待考。頤長子端中謂《易傳》六卷，《至正》本即六卷也。

惟《至正》本桀誤頗多，又幾經翻印，文字模糊，難以卒讀，校者在點閱之餘，遂立志校正。先取《四庫全書》本參校，再輔以黃忠天《周易程傳註評》、梁書弦《程氏易傳導讀》、蘇俊源《白話易程傳》及王孝魚《二程集》等。黃、蘇之作，以《至正》爲底本，餘皆四卷本也。各本皆有可取，其異同並存之，或有拾遺補缺之功焉。

尹焞曰：「先生平生用意，惟在《易傳》，求先生之學，觀此足矣。」欲深究程子易學之功與理學之要，《易程傳》不得不讀也。本書附錄程子及其書相關資料，俾便讀者查閱。

目　次

凡　例

易傳序

第十六冊　魏晉南北朝家訓之研究

作者簡介

林素珍　台灣省桃園縣人，國立政治大學中國文學研究所博士。現任教於國立彰化師範大學國文學系，講授世說新語、兒童文學、寫作教學專題研究等課程，近年來主要的研究方向爲兒童圖畫書及中學寫作教學等，著有〈試論「台灣兒童圖畫書專題研究」之教材設計〉、〈差之毫釐，失之千里——談大考寫作題考生答題的幾個面向〉等學術論文十餘篇。

提　要

本論文爲民國八十三年國立政治大學中國文學研究所博士論文，指導教授爲李威熊先生，曾獲得八十四年度國科會之獎助，今重新排版刊行，除配合出版之需要更正標點符號及部分格式外，章節內容未作更動。茲將論文重點敘述如下：

就家訓發展而言，上古至西漢時期，篇章較少，而東漢則有逐漸發展之勢，至魏晉南北朝三百年間，政局動亂、異族篡擾、兵戎迭起、風氣敗壞、民生疾苦，是家訓發展史上的一個重要的轉關時期，無論在質與量上都有相當可觀的成就，文中所探討的家訓作品共分三類：其一，家誡、誡子書類；其二，遺令、遺誡類；其三，自敘類。全文共分七章，除緒論與結論外，每章之重點如下所述：

（一）魏晉南北朝家訓之發展背景：討論世家大族之形成與家庭教育之興盛。

（二）魏晉南北朝家訓之撰述目的：共有恢宏家族門第、訓誡後世子孫、寄寓人生理想等三項目的。

（三）魏晉南北朝家訓之主要內容：析論修身之要、治家之法、爲學之方、處世之宜、敬業之則等。

（四）魏晉南北朝家訓之時代精神：共計有推尊門戶，讚頌祖德；注重教子，肯定母教；品評人物，效慕賢德；體儒用道，明哲保身等。

（五）魏晉南北朝家訓之評價：說明此代家訓在教育、倫理、社會、文學等各方面之評價。

此外，《顏氏家訓》是魏晉南北朝的家訓中最爲著名的，所以在結論的部分特立一節討論其在家訓史上繼往開來的定位，並就施教目的、施教內容、施教方法等方面對此代家訓作一回顧與檢討，希望學界前輩給予批評與指正。

目　次

第十七冊　蘇軾《東坡志林》研究

作者簡介

李月琪，台灣省澎湖縣人，西元 1980 年生。銘傳大學應用中國文學系碩士班畢業，現任中學教師。

提　要

蘇軾的《志林》與《手澤》這兩部生前未完成之作，經後人的合併整理，成爲《東坡志林》一書。《東坡志林》中，包含了蘇軾平日生活的言行、見聞、感觸等等諸方面的記載，是蘇軾眾多著作中，最能展現其眞實面貌與性格特質的一本。可惜的是，目前關於《東坡志林》的研究，仍是少見。本文研究即以凸顯《東坡志林》的特點，與發掘此書的影響貢獻爲目的。並且強調此書不能僅被視爲筆記小說，更應注意到它是具有錄實記眞特色的筆記，是很具價值的文獻史料。

本文的內容分爲五個部分：

一、緒論：說明本文的研究方法與動機，前人的研究成果，以及筆記與筆記小說的界說。

二、蘇軾及《東坡志林》：略述蘇軾生平及其撰《志林》、《手澤》的情況，再討論《東坡志林》一卷本、五卷本、十二卷本等三種主要版本的流傳與特色。

三、《東坡志林》之文體內容：本論文將《東坡志林》的文體分爲小說文、小品文及論辯文三類。討論小說文類志人與志怪的內容，小品文類記遊、閒適、說理、交遊、知識小品的內容，論辯文類中的史論文與辯體文。

四、《東坡志林》之寫作特色與技巧：探討《東坡志林》言簡意深、文兼議理、韻散雜夾、載時記日、贊語運用等主要的寫作特色，及譬喻、用典、設問、排比、映襯、頂眞等主要的寫作技巧。

五、結論：闡述《東坡志林》具有提供蘇軾生平研究的資料，與成爲蘇軾文章研究的素材之貢獻，又有啓發小品文的流行，及推動文言小說的演進之影響。《東坡志林》是重要的文獻資料，也是後人從事文學創作時仿效的典範。文末則言相關研究未來可發展的方向。

目 次

第十八、十九冊 《上海博物館藏戰國楚竹書（四）・采風曲目、逸詩、內豊、相邦之道》研究

作者簡介

陳思婷，台灣省台中縣人，台灣師範大學國文學系碩士。目前任教於台北市中正國民中學。著有專書《上海博物館藏戰國楚竹書（四）讀本》（合著，萬卷樓，2007

年)、單篇論文〈說夬〉(《東方人文學誌》第五卷第三期)。

提　要

本書針對《上海博物館藏戰國楚竹書(四)》〈采風曲目〉、〈逸詩〉、〈內豊〉、〈相邦之道〉四篇考釋文字，並探究其中思想內容：

《采風曲目》是前所未見的音樂史料，它以宮、商、徵、羽等聲名分類標示各曲目的音樂性質，顯示了當時這些詩乃入樂之作，本文除了針對分類聲名作文字考釋，提供古代音樂史更多的研究資料外，更試圖由曲目名稱，去推論其可能包含的意義，以及楚地詩歌流傳的概況。

《交交鳴鶩》、《多薪》爲兩首逸詩，在目前先秦出土材料中，也唯有這批上博竹簡，才保留有這類詩歌作品，這兩篇詩歌形式風格和《詩經》十分相近，但不見於史籍記載。雖說「詩無達詁」，但本文在文字考釋之餘，更期望能推論其詩旨，並討論其在《詩經》與《楚辭》南北兩大文學源流中所扮演的角色。

《內豊》全篇內容與《大戴禮記》〈曾子立孝〉、〈曾子事父母〉等篇章有關，但不完全相同。除了考釋文字，藉由《內豊》與《大戴禮記》的對照，也可以進一步探求儒家孝道思想的變遷。

傳世文獻對孔子與魯哀公的問答多有記載，繼《上博二・魯邦大旱》後，《相邦之道》的出現，又補充了這方面的史料，簡文中記有孔子與哀公、子貢之間的問答。本文欲由孔子一貫的政治思想出發，推求孔子對哀公的評價。

目　次

上　冊

第二十冊　《上海博物館藏戰國楚竹書（四）》疑難字研究

作者簡介

金俊秀（Kim, Jun-soo）

韓國首爾人，1977 年生。2000 年 2 月韓國漢陽大學中文系畢業。2007 年 6 月獲得國立臺灣師範大學國文研究所碩士學位，現就讀於同校同所博士班。

提　要

今人研讀出土文獻，其所以從文字解讀著手，是因爲畢竟它是以古文字所寫成，時間的隔閡、文字使用習慣的不同，使通讀更加困難。尤其戰國時期整個社會處於劇烈的變革之中，這對當時的經濟、政治、文化等各方面，皆起了莫大的影響，文字使用方面亦不例外，更是影響深遠。講得更具體一些，該時期文字使用人數日益增多，其應用範圍亦空前擴大，導致文字形體上的各種譌變，諸如簡化、繁化、異化、同化等。所幸，近五十年以來，戰國文字材料不斷出土，吸引了一批批研究者投入，如今該學科已有大幅度的進步。其中成爲大宗的，無疑是楚文字。1950 年代開始在大陸各地出土的楚簡，已使楚文字躍爲學者討論的焦點。到了 1996 年上海博物館購自香港古玩市場的大批楚簡，繼郭店楚簡以後，又掀起新的一波學術高峰。其資料自從 2001 年起陸陸續續公佈，正在震驚著全世界的漢學界。

2004 年 12 月，《上海博物館藏戰國楚竹書（四）》正式出版。書中共發表七篇，依次爲〈采風曲目〉、〈逸詩〉、〈昭王毀室・昭王與龔之腓〉、〈柬大王泊旱〉、〈內豊〉、〈相邦之道〉、〈曹沫之陳〉，皆前此未見之古佚文獻。原書中馬承源、陳佩芬、濮茅左、李朝遠、張光裕、李零先生等諸位整理者已經做了很好的梳理，然而部分內容仍存爭議，造成釋讀上的困難。是以本論文針對其中特別有爭議性的文字，即所謂的「疑難字」，進行討論。

本論文主要研究目的有二：首先是個別疑難字的形、音、義方面的探討；由於戰國文字上承商周甲金文，下啓秦篆漢隸，是重要環節，因此其討論範圍不受限於戰國楚文字。其次，盡量去釐清其在簡文中的用法，以便能夠通讀簡文。簡言之，爲得到正確的釋讀，先應滌除文字上的障礙，此爲本論文之目的所在。

目　次

作者簡介

陳昭珍，畢業於國立臺灣大學圖書資訊學研究所博士班，目前擔任國立臺灣師範大學，圖書資訊學研究所教授兼所長。並且曾在國家圖書館的閱覽組兼編目組和輔導組兼閱覽組，擔任主任；亦曾擔任國立臺灣師範大學社會教育學系副教授；與曾在輔仁大學圖書資訊學系，任職副教授與講師。其專長為數位圖書館與數位典藏、資訊組織、圖書館自動化、數位學習，與數位出版和數位學習標準系統及知識管理等。

提　　要

書坊刻書是書籍生產的基本力量，書坊是商品書籍流通分配的主體，它們的分佈最廣，影響最深遠，在我國書籍發展史及整個民族文化史上可說厥功甚偉。但在歷史正史、方志或前人的筆記小說中，有關於書坊的記載，猶如鳳毛麟角，本文研究之目的，主要在闡述明代書坊刻書之特色，統計書坊總數、刻書總數，及探討有關書坊之種種問題。

本文主要採歷史研究法，收集各種文獻，加以統計分析。統計得明代書坊就可考者共計四〇五家，刻書一一三二種。首先按照其地區加以分述，再就書板之轉移、書籍之盜印與書坊印書之譌謬加以探討，並論及明代書價與書籍之流通等問題。

本文因限於時間與文獻之不足，無法完整與深入，冀能拋磚引玉，喚起同道者研究之興趣，對本文有所增改，並不吝賜教。

目次

序 言

本論文在構想、進行及撰寫過程中，承蒙昌老師彼得悉心的指導與改正，謹于此致以最誠摯之感激與敬意。

同時又蒙喬老師衍琯多次的提供資料，及悉心修改與督促，使得本論文得以及時完成。口試期間又獲得劉老師兆祐、吳老師哲夫、潘老師美月等的寶貴意見，在此一併謹致謝忱。

由於筆者在學期間同時服務於台大圖書館，不論對於工作上的指導或論文寫作時精神與時間上支持，均得助於陳館長興夏甚多。並感謝所有工作同仁與同學之幫助，在此謹致最誠摯之謝意。

第一章　緒　論

第一節　研究目的與範圍

本文研究之目的主要欲明瞭明代書坊之數量、刻書種數、書板之轉移、刻書風氣、明代書價與書籍流通等問題，冀使這群文化傳播者能爲世人所重視，於書史留名。

本文研究範圍以明代書坊爲限，其有世守其業者，對於前代雕印之書籍皆不詳錄。而明季書坊中有些已另有專文研究者如：毛晉汲古閣、無錫華氏、安氏等，在此亦不更贅述。

私刻、坊刻常易生混淆，因坊刻常不署其業，或只署坊名，若刊印尚稱精良，則更難辨其爲坊刻或私刻矣。劉國鈞對書坊的定義是：「擁有自己的刻工及印工，並自己或請人編輯的書店，用現在的名詞說就是兼營編輯、出版、印刷和發行的書店。」〔註 1〕其實私刻亦有營利者，但其動機非爲營利而刻書，有爲保存精校之善本者，有爲流傳某人之著述者。而坊刻則是專業的書籍出版、銷售行爲。在本文中，若遇齋室名而無其他旁證，難辨其爲書坊或私人齋室者，皆不以書坊視之。

書坊亦有稱爲書肆、書林、書堂、書棚、書舖、書局、書戶、書莊、書店、書房、書圃者，行文中，除照原牌記或題識引用者外，皆以書坊稱之。

本文之研究，主要收集前人已研究之文獻、史料之記載，及各館館藏、私家之目錄，整理分析之。行文中各種目錄均以簡稱代之。若所引用之文句乃出自刻書之序跋或牌記、題識等，除註明書名外，不另在附註項中加註，讀者可參考各書坊刻書表之出處。

〔註 1〕劉國鈞等，《版本學》，（臺北：西南書局，民國 67 年），頁 82。

第二節　書坊刻書之沿革

中國自漢以來，市場上雖有鬻書之書肆，然在雕板印刷術未發明以前，手寫之書既不易成，可供買賣之書有限，即書肆業亦無可觀。及雕板印刷術通行後，書坊營業，遂亦隨之而興。

書坊刻書是書籍生產的基本力量，其校刻、裝訂雖不及官、私刊刻之嚴謹精美，但書坊是商品書籍流通分配的主體，它們的分佈最廣，影響最大，在我國書籍發展史及整個民族文化史上厥功至偉。

劉國鈞先生云：「坊刻書籍是我國最早的印本，唐代刊本都是坊刻，五代時仍以坊刻爲多。」〔註2〕《全唐文》卷六百二十四記載馮宿〈禁板印時憲書奏〉云：「劍南兩川及淮南道，皆以板印曆日鬻於市。每歲司天臺未奏頒下新曆，其印曆已滿天下。」〔註3〕柳家訓序亦云：「中和三年癸卯夏，鑾輿在蜀之三年也。余爲中書舍人，旬休，閱書於重城之東南。其書多陰陽、雜記、占夢、相宅、九宮五緯之流，又有字書小學，率雕板印紙，浸染不可曉。」〔註4〕另宋王讜《唐語林》卷七云：「僖宗入蜀。太史曆本不及江東，而市有印貨者，每差互朔晦，貨者各徵節候，因爭執。里人拘而送公，執政曰：『爾非爭月之大小盡乎？同行經紀，一日半日，殊是小事。』遂叱去。而不知陰陽之曆，吉凶是擇，所誤於眾多矣。」〔註5〕由上所載，可知唐時書坊已相當盛行，而其印書內容則以曆書、陰陽、雜記、占夢、相宅、九宮五緯、字書小學爲主。

五代馮道之請雕儒經亦受書坊之影響：「嘗見吳蜀之人鬻板印文字，色類絕多，終不及經典。如經典校定，雕摹流行，瀰益於文教矣。」〔註6〕因爲市面上出售的板印文字種類很多，但無印售經典者，故馮道請校定雕印儒經。

雕板技術精於宋代，書坊刻書也於宋代大行於天下。刻書地點則以成都、杭州、建安爲中心。葉夢得在北宋末期曾概述當時的印書情形說：「今天下印書，以杭州爲上，蜀本次之，福建最下。京師比歲印板，殆不減杭州，但紙不佳，蜀與福建，多以柔木刻之，取其易成而速售，故不能工。福建本幾徧天下，正以其易成故也。」〔註7〕岳珂《愧郯錄》卷九「場屋編類之書」條云：「自國家取士場屋，世以決科之

〔註2〕同上註。
〔註3〕董誥等奉勅編，《全唐文》（臺北：匯文書局，民國50年）冊十三，頁8002。
〔註4〕見《舊五代史》卷四十三，唐書明宗紀小註引。
〔註5〕王讜，《唐語林》（臺北：廣文書局，民國57年），卷七，頁277。
〔註6〕見《五代史》。
〔註7〕葉夢得，《石林燕語》，《叢書集成初編》，冊二七五四～二七五五，頁74。

學爲先，故凡編類條目、撮載綱要之書，稍可以便檢閱者，今充棟汗牛矣，建陽書肆，方日輯月刊，時異而歲不同，以冀速售。」〔註 8〕當時書坊之興盛情形可見，有名書坊如建安余氏、臨安陳氏皆世守其業，刻書精良。

金源分割中原不久，乘以干戈，惟平水不當要衝，故書坊時萃於此。

元時書坊所刻之書，較之宋刻尤夥，蓋世愈近則傳本愈多矣。刻書中心仍以建寧（包括建安、建陽兩縣）和平水爲最大，自元世祖遷平陽經籍所於大都（今北平），它就代平水而起。〔註 9〕

至明代由於印刷技術的日益精良、創新，劇本小說等民俗文學的盛行，書坊業遂蓬勃興盛。宋元間刻書最盛之麻沙書坊，元季燬於兵燹，弘治十二年建陽書坊復被火災，古今書板盡燬。〔註 10〕故明初閩刻傳本反較昔日爲少，閩建書業，逐漸不振。明中葉以後，吳會、金陵、臨安等地書坊蔚然興起，擅名文獻，刻本至多，遂代八閩而執書林之牛耳。

明正嘉以後，翻雕舊本之風寖盛，我國書刻之字體，此時復有一劇變。宋代書刻，字尚顏歐，元中葉以後，則崇松雪體，明初尚沿元風，正嘉以後，橫輕豎重之匠體字漸興，即後世所謂之宋體字也。此類字體之興，蓋由覆刻宋本之故，明人最尚詩文，故覆刻集部尤夥，而宋刻詩集以書棚本爲最多，其字仿率更，明人變本加厲，遂形成此呆滯不靈之匠體字。

明末刻書，圖繪極精，舉凡章回小說、曲集、譜錄及傳記等書，皆多附圖，雕鏤均極精巧。正由於書坊大量的出版戲曲小說，使得這類民俗文學得以不受《四庫全書》禁列的影響，而留傳至今。

但明人刻書，也有任意刪節，復以臆校，致多訛誤者，故昔人每有「明人刻書而書亡」之嘆。事實上明代書業的種種惡風，大半在南宋已經存在。「刻書而書亡」的指責，不應專對明人而發。〔註 11〕

〔註 8〕轉錄自李劍農，《宋元明經濟史稿》第三章，宋元明之手工業二三，頁 60。

〔註 9〕劉國鈞等，《版本學》，（臺北：西南書局，民國 67 年），頁 82。

〔註 10〕《福建通紀》冊一，頁 70。民國 11 年修。

〔註 11〕潘銘燊，〈書業惡風始於南宋考〉，《香港中文大學中國文化研究所學報》，十二卷，頁 271～276。

第二章　明代書坊之地理分佈

明代書坊集中於建陽、金陵、蘇州、武林、三衢、新安、臺州、吳興、武進、北京等地，其中尤以建陽、金陵、武林及蘇州等地最爲興盛。

明代書坊就可考見者共計四百零五家（不包括毛晉、華氏、安氏等），其中閩省一百五十一家，刻書五百六十種；浙江省（包括武林、三衢、吳興、臺州、穀州）五十家，刻書二百零四種；廣東省三家，刻書三種；北直隸（只有北京一地）九家，刻書三十五種；南直隸（包括金陵、蘇州、武進、新安、歙縣等地書坊）一百三十一家，刻書三百四十三種；此外尚有一些書坊未能考證其地點者共六十一家，刻書八十七家。總計書坊刻書共一千一百三十二種。另毛晉刻書共六百五十餘種，〔註1〕華珵尚古齋十五種，華堅蘭雪堂五種，華氏（未詳何人）二種；安國桂坡館十種。〔註2〕總計一八〇九種之多。

由以上統計可以看出刻書最多的書坊當數毛晉；書坊最多的地區則數閩建。以下則據《明史・地理志》之地區劃分，分別敘述北直隸、南直隸、浙江省、福建省、廣東省等地之書坊。

第一節　北直隸

北直隸地區之書坊集中於北京城內，其他地區不曾考見。胡氏《少室山房筆叢・經籍會通》云：「今海內書，凡聚之地有四：燕市也、金陵也、閶闔也、臨安也……。燕中刻本自希，然海內舟車輻輳，筐篚走趨，巨賈所携，故家之蓄錯出其間，特甚於他處。其直至重，諸方所集者，每一當吳中二，道遠故也，輦下所

〔註 1〕周彥文，《毛晉汲古閣刻書考》，東吳大學中文研究所碩士論文，民國69年，頁1。
〔註 2〕林品香，《我國歷代活字版印刷史研究》，中國文化大學史學研究所碩士論文，民國70年，頁177～181。

雕者，每一當越中三，紙貴故也。」又云：「凡燕中書肆，多在大明門之右，禮部門之外，及拱宸門之西。每會試舉子，則書肆列於場前，每花朝後三日，則移於燈市，每朔望并下翰五日，則從於城隍廟中，燈市極東，城隍廟極西，皆日中貿易所也。燈市歲三日，城隍廟月三日，至期百貨萃焉，書其一也。」〔註3〕由上書記載可知，北京是書籍會萃販賣的集散地，本地所刻者少，由於書籍必須遠道南來，所以賣價比在吳中者貴二倍，若本地所雕者，因紙貴成本高，則價錢要比吳中者貴三倍。北京自明永樂十九年成爲明朝的首都，是全國政治文化中心，也是士子趕考的目的地，而北京多達官貴人，有的喜藏書，所以書肆極多，而燕京雕本，須用南方紙，南紙道遠，印本成本加大，所以書價較貴，而刻書之書坊亦少，就可考見者只有九家：

北京永順書堂（永順堂）
正陽門內西第一巡警更舖對門汪諒金臺書舖
正陽門內大街東下小石橋第一巷內金臺岳家
京都壽元堂（刑部街部陳氏）
隆福寺
北京宣武門里鐵匠胡同葉舖
國子監前趙舖
金臺魯氏

北京不僅書坊不多，所刻之書亦少，其中以金臺汪諒所刻較多。汪諒在其所刻文選後面有題識云：「金臺書舖汪諒見居正陽門內第一巡警更舖對面，今將所刻古書目錄列於左，及家藏今古書籍不能悉載，願市者覽焉。」下列書目四十四種，可說是最早的出版廣告。隆福寺爲東城第一大廟，與西城的白塔寺、護國寺，攤肆林立，舊時均有廟會。明代北京書肆集中於場前、燈市或大明門之右及禮部門之外，拱宸門之西。及至清代，書肆均集中在宣武門外琉璃廠，一部份則在隆福寺一帶。〔註4〕王鍾翰說：「有明一代，京師鬻書，在舊刑部之城隍廟、棋盤街、燈市三處，刻書則在宣武門內之鐵匠營與西河沿兩處，然皆不甚盛，盛在江南，清初仍同於明。」又云：「隆福寺書肆不知所自始，明代燈市口有書肆，月只三日，大抵雍乾之際始遷於寺。」〔註5〕

〔註3〕胡應麟，《少室山房筆叢》卷四。
〔註4〕張秀民，〈明代北京的刻書〉，《文獻》一期，頁307。
〔註5〕王鍾翰，〈北京書肆記〉，收在《書林掌故》（香港：孟氏圖書公司），頁39。

第二節　南直隸

南直隸地區之書坊包括有金陵、蘇州、武進、新安、歙縣等地。

南京刻書起源很早，五代十國時爲南唐首都，南唐李氏梓行者有：《史通》、《玉臺新詠》、又有《保大本韓集》。宋紹興初建康刊六經。景定二年《建康志》所載建康府書板多至六十七種，幾近一萬片，除一般經書外，有：《小兒疱疹藥方》、《花間集》、《六朝實錄》等。元大德九路本《十七史》，集慶路（南京）所刊者爲《唐書》。至正四年刊金陵新志十五卷。〔註6〕

明太祖定都南京後，南京成爲全國政治經濟文化中心，自然也成爲書坊的集中地，且江南向來人文會萃，文風極盛，既爲魚米之鄉，生活富裕，又盛產印書所需之材料，明胡應麟云：「吳會、金陵擅名文獻，刻本至多，巨帙類書咸會萃焉。海內商賈所資二方十七，閩中十三，燕、越弗與也。然自本坊所梓外，他省至者絕寡，雖連楹麗棟，蒐其奇秘，百不二三，蓋書之所出，而非所聚也。」胡氏又云：「凡金陵書肆多在三山街，及太學前。」〔註7〕所以金陵書坊所刻之書常常都標上「三山街書林」或「三山書坊」的字樣，而金陵的書籍集散情形剛好和北京相反，北京是本地所刻者少，他省至者多；而金陵則是除本坊所梓外，他省至者絕寡。

過去只知道金陵有不少書坊，但無確切的統計數字，現在根據所見諸家目錄或原刻本牌記，考得以下諸家，列目於後：（按首字筆畫順序排列）

人端堂
九如堂
三多齋
大盛堂
王近山
王近川
王世茂
王舉直
王鳳翔光裕堂（字荊岑、光啓堂）
周時泰博古堂（字敬竹）
周前山
周氏懷德堂
文樞堂
毛少紀
李少渠
李澄源
李潮聚奎樓（字時舉，號時行）
兩衡堂
余尚勳
余遇時
長春堂
吳小山
唐少橋汝顯堂
唐少村興賢書舖
唐金魁
吳　諫
吳繼宗懷川堂
周日校萬卷樓附仁壽堂（字應賢、號對峯）
周如泉萬卷樓
周近泉大有堂
周竹潭嘉賓樓
周昆岡
周希旦大業堂（存敬素）
周譽吾得月齋（字四達）
楊明峯
聚錦堂
榮壽堂

〔註6〕張秀民，〈明代南京刻書〉，《文物》，1980，十一期，頁78。
〔註7〕胡應麟，《少室山房筆叢》卷四。

胡少山少山堂	唐翀宇	蔣時機（字道化）
胡正言十竹齋	唐際雲積秀堂	劉氏懷德堂
胡　賢	兼善堂	劉氏孝友堂
唐富春富春堂（字子和）	荆山書林	種文堂
唐氏世德堂	徐東山	德聚堂
唐國達廣慶堂（字振吾）	徐龍山	葉如春
唐錦池文林閣（集賢堂）	徐廷器東山堂	葉貴近山堂
唐惠疇文林閣	許孟仁	葉錦泉
唐廷仁（字龍泉）	陳邦泰繼志齋、聚文堂（字大來）	鄭思鳴奎壁堂
唐廷揚	黃從誡	蔡浚溪
唐廷端	曾汝魯車書樓（字得卿）	滙錦堂
唐晟（字伯成）	曾若鳳（字子鳴，汝魯子）	積德堂
唐昶（字叔永）	童子山	戴尚賓
唐溟洲	舒一泉（字世臣）	金陵戴氏
唐玉予	舒石泉集賢書舍	翼聖堂
唐貞予	傅春溟	龐雲衢
唐謙（字益軒）	傅夢龍（字見田）	饒仁卿
唐鯉躍集賢堂	趙君輝	龔邦錄
唐鯉飛履素居	雷鳴（字大震）	

以上金陵書坊共九十三人，其中以唐姓二十人，周姓十人最多，但顯而易見的，金陵書坊的家族色彩已不似建陽書坊強烈。金陵書坊刻書多標明金陵書林、金陵書坊、三山街書坊、或白下、秣陵、建業。金陵書坊出版大批戲曲，又喜刻小說，爲了迎合讀者的喜好，一般戲曲小說都出像、出相，或稱全像、全相。建陽坊本多爲上圖下文，圖書扁短橫幅，金陵本改爲整版半幅，或前後頁合併成一大幅，圖像放大，線條粗放，多饒古趣。茲概述金陵重要書坊於後：

唐富春字子和，坊名富春堂，刻書極多，而以戲曲小說爲主。唐富春所刻之書有題「金陵唐氏富春堂刊」如《新編古今事文類聚》；有題「金陵三山街綉谷對溪書坊唐富春梓」者，如《新刊正文對音捷要琴譜眞傳》，及題「金陵書坊唐對溪梓」者，如《新刻出像音註五代劉智遠白兔記》。富春堂所刊戲曲，板匡都有雲雷花邊，如《商輅三元記》、《韓明十義記》、《白蛇記》等皆是，富春堂圖案爲雉堞形，其刻書年代約當萬曆年間，所刻之書板後來售予他人者頗多，如《古今事文類聚》，卷內題「唐富春子和刊」，書口下端則鐫「德壽堂梓」，《白蛇記》卷內題「金陵三山富春堂梓行」，扉頁書名中間則題：「金陵唐錦池梓」，又《古今名賢品彙註釋玉堂詩選》，原題「金陵書坊富春梓繡梓」，牌記亦同，而書衣則題「達德堂梓行」。此皆當是書板轉移後，由購得者增刻上去的。除了坊名富春堂外，在《明代版刻綜錄》世德堂刻書中，耳譚類增一書題「唐富春世德堂刊」，則疑世德堂亦爲唐富春之書坊。

唐氏世德堂所刊之書有題「繡谷唐氏世德堂」、「金陵唐氏世德堂」，或「建業大中世德堂」者，未曾提到世德堂主人的名字，只有耳譚類增題「唐富春世德堂」。世德堂刻書和富春堂一樣以戲曲爲主，板匡有花邊，所以兩者爲同一家之書坊的可能性很大。刻六子書的吳郡顧春，齋名亦稱世德堂，其所刻者，版心上方有「世德堂刊」四字，此係私人出版者，和唐氏非同一家人。

和唐富春關係極爲密切之書坊尚有廣慶堂唐國達、文林閣唐錦池。唐國達所刻之書有題：「唐氏振吾刊」、「繡谷唐國達梓」、「繡谷唐氏廣慶堂梓」、「唐氏振吾廣慶堂督梓」、及「金陵振吾唐國達梓」等，可知「振吾」是唐國達的字，二者實爲同一人，刻書年代約當萬曆、天啓間。坊名「文林閣」者，除唐錦池外尚有唐惠疇，關係應極密切。另有書坊唐廷仁，字龍泉，常和周曰校合刻書，在《新編簪纓必用翰苑新書》總目後題：「金陵書肆龍泉唐廷仁、對峯周曰校鐫行」，版心下端鐫：「仁壽堂刊」。本疑其原爲仁壽堂刊，後售板予唐廷仁、周曰校者，但杜錄中此書則逕題周曰校仁壽堂刊，可見他認爲仁壽堂亦爲周曰校之書坊，事實上只憑此點實不足以證明，《新刊大宋中興通俗演義》的情形，亦與此相同，而考周曰校刻書之題署均題「萬卷樓」，所以只能說仁壽堂與周曰校關係密切，至於其確實關係則無從得知了。

書林周曰校萬卷樓所刻之書有題「金陵書林對溪周曰校刊行」，如《新鐫翰林考正歷朝故事統宗》，有題「繡谷周曰校應賢父勒」者。曰校字應賢，號對峯，他是萬卷樓的主人，且爲風雅士，在書坊中爲能遊公卿之門者，從他所刻的《昭代典則》祝世祿序中可以得證：「閩中恭肅黃公，起端簡之後，故有史材，選述成一家言，命曰《昭代典則》，吾鄉周氏，見而悅焉，屬之剞劂，介武車駕朱職方問序於不佞，余故從周氏之請，爲恭肅直序之。」而由《新鐫雲林神彀》之題署及茅坤序中可知，周曰校爲太醫龔廷賢之姻親，故能遊公卿之門亦難怪也。

周曰校有一些書是和唐廷仁合刻的，有二本書版心下端鐫「仁壽堂刊」（參見前述）。另《新鐫雲林神彀》一書書口下端鐫「積善堂」，乃閩建陳奇泉之書坊，可知當時金陵與建陽之間有書板轉移的情形。周如泉之書坊亦題萬卷樓，疑爲曰校之後人。此外尚有大有堂周近泉、大業堂周希旦，和周曰校之關係亦非常密切。

周時泰博古堂曾刻《皇明大政紀》，板式與萬卷樓之《昭代典則》極爲相似，且此書郭正域序云：「周生時泰取朱職方、閔茂才所校，豐城雷公禮所述洪武迄正德之《大政紀》，與洧川范公守已所續紀嘉隆者梓之。」王重民先生認爲：「正域曾官南國子祭酒，稱時泰爲周生，則似時泰曾遊太學，據《昭代典則》祝世祿序，曰校亦曾遊太學，而曰校所識之朱職方應即校是書之朱錦矣。然則曰校與時泰，刻書同、交遊同，又同遊太學，余因疑其族屬極相近，萬卷樓與博古堂關係亦極密切也。」〔註 8〕按《昭代典則》刻於萬曆二十八年，《皇明大政紀》刻於三十年，時代亦近，王氏所言甚是。

胡正言，字日從，徽州休寧人，在《十竹齋畫譜》中，胡正言自署爲海陽人，按海陽爲休寧之古稱，休寧縣始建于吳，名曰休寧，後因景帝名休因，故改休寧爲海陽，至隋始名休寧。而胡正言僑居南京，十竹齋是他的室名，據李克恭說：「胡宅嘗種筠十餘竿於楯間，昕夕博古，對此自娛，因以十竹名齋。」〔註 9〕胡曾官至中書舍人，棄官之後，過著名士隱逸般的生活，但又專心於藝術工作，齋中藏有博古異書，名花奇石。胡正言善書能畫，清姿博學，尤擅眾巧，並綜研六書，對於鐘鼎古文，尤其擅長，至於治印，更是著稱，十竹齋所完成的二部畫譜是我國版畫史寶貴的遺產，對世界版畫史和印刷史而言，也是一項卓越的貢獻，他所獨創的餖版木刻，爲中國版畫創造了另一種新的形式，對中國雕板印刷術而言，也提高了空前未有的技術。他的畫譜和箋譜出版之後，受到極大的歡迎，除了贈送友好之外，也廣爲銷售。《門外偶錄》曾提其「銷於大江南北，時人爭購」，又說「良工汪楷，以致巨富」〔註 10〕，可知畫譜與箋譜的銷售，是全由齋中刻工汪楷經手的。

姑蘇書肆，多在閶門內外，及吳縣前。〔註 11〕蘇州刻書於宋時已盛，歷元、明、清而不衰。據《吳縣志》卷五十二下風俗二載：「湯文正公撫吳告諭曰：爲政莫先於正人心，正人心莫先於正學術，朝廷崇儒重道，文治修明，表章統術，罷黜邪說，斯道如日中天，獨江蘇坊賈惟知射利，專結一種無品無學，希圖苟得之徒，編纂小說傳奇，宣淫誨詐，備極褻褻，污人耳目，繡像鏤板，極巧窮工，游佚無行與年少志趣未定之人，血氣淫蕩，淫邪之念日日……合行嚴禁，仰書坊人等知悉除《十三經》、《二十一史》及《性理》、《通鑑綱目》等書外，如宋元明以來大儒注解經學之書，及理學、經濟、文集、語錄未經刊板或板籍燬失者，照依原式另行翻刻，不得聽信狂妄後生輕易增刪，致失古人著述意旨，今當修明正學之時，此等書出，遠近購之者眾，其行廣而且久，……若仍前編刻淫詞小說戲曲，壞亂人心，傷敗風俗者，許人據實出，首將書板立行焚燬，其編次者、刊刻者、發賣者，一併重責枷號通衢仍追，原工價勒限另

〔註 8〕王重民，《國會圖書館善本圖書目錄》（臺北：文海出版社），頁 116。
〔註 9〕王伯敏，《中國版畫史》（九龍：南通圖書公司），頁 119。
〔註10〕同註 9。
〔註11〕胡應麟，《少室山房筆叢》卷四。

刻古書一部完日發落。」〔註12〕按湯氏任江寧巡撫在清康熙二十三年，所說蘇州坊賈編刻小說，當係指自明以來，坊賈刻書風氣。小說是明代文學的主體，明代一方面繼續發展話本小說，著名的有《三言》和《二拍》，一方面更在宋元話本的基礎上，發展爲章回小說，著名的如《三國志演義》、《水滸傳》、《西遊記》、《金瓶梅》等。《三言》的編纂者馮夢龍，即爲長洲人（蘇州府治）。而書坊刻書多半以市場需求爲導向，蘇州亦不例外。蘇州書坊就可考者有：（按首字筆畫順序排列）

白玉堂	衍慶堂	傳萬堂	葉啓元玉夏齋
同人堂	兼善堂	葉敬池	鄭子明（字雲亭）
世裕堂	敦古齋	葉敬溪	綠蔭堂
陳龍山西酉堂	清繪齋	葉崑池能遠居	藜光樓
吳門書林	陳長卿存誠堂	葉瑤池天葆堂	寶鴻堂
長春閣	童湧泉	葉清庵	寶翰樓
金閶書林	開美堂	葉龍溪	龔紹山
映雪草堂	舒文淵（字載陽）	葉華生	
段君定	舒仲甫	葉瞻泉	

武進亦屬於南直隸之範圍，但書坊不多，就筆者所見者只有一個——胡桐源。胡氏祖籍爲三衢，但書肆建於武進，所刻《唐會元精選批點唐宋名賢策論》題：「三衢前坊胡氏梓於毘陵」，故列於武進書坊。

南直隸尚有一個大刻書家即毛晉汲古閣。毛晉原名鳳苞，字子九（或作子久）；後改名晉，字子晉，別號潛在。弱冠前字東美，晚號隱湖，別署汲古閣主人、篤素居士。明萬曆二十七年正月初五日生於江蘇常熟縣昆湖東之七星橋。毛晉汲古閣係明末清初之出版家，經毛晉四十年之刊雕，共成書六百五十餘種，幾六千卷，所刊刻者，上至漢唐，下至明清，經史子集，無所不包，坊名有汲古閣及綠君亭。

新安書坊就可考者有吳勉學、吳中珩、鄭少齋三人，吳勉學刻書甚多，尤其廣刻醫學，因而獲利。

第三節　浙江省

浙江書坊以杭州最多，此外尚有三衢（衢州）、太末（穀州）、吳興、臺州等地亦有少數書坊，茲按地區將書坊名稱列舉於下：（按首字筆畫順序排列）

〔註12〕《吳縣志》卷五十二下風俗二，據吳秀之等修，曹允源等纂，民國22年鉛印本。

杭州（武林、虎林）：
月脅居
古香齋
自得軒
朱　府
快　閣
段景亭讀書坊
秋　室
容與堂
高　衙
泰和堂
崇雅堂
徐象橒曼山館
翁文源
翁文溪
翁月溪
翁曉溪
翁時化
堂策檻
豹變齋
朝爽閣
陽春堂
張氏白雪齋
酣子幄
溪香館
楊爾曾夷白堂、草玄居（字聖魯，號雉衡山人，又號夷白主人）
葉世遇寶山堂（字武進）
趙世楷
凝端堂
横秋閣
輝山堂
墨繪齋
劉　烱（字西湖）
樵雲書舍
藏珠館
繼錦堂
三　衢：
徐應端思山堂
童文龍
童應奎
舒用中天書書局
舒其才集賢書舍、石泉堂（字石泉）
舒承溪（字石泉）
葉氏如山堂
太　末：
翁少麓
吳　興：
凌濛初
童文舉吳興書舍
童敬泉
閔齊伋
臺　州：
洪家書舖

以上武林書坊共三十五家，坊數不如建陽、金陵，每一家所刻之書亦不多。其中高衙和朱府應該不是書坊，但其所刻之《鬼谷子》及《晏子》二書，是屬於題武林書坊合刻的《合諸名家批點諸子全書》，故暫且列入書坊之林。

閔齊伋字及五，號寓五，又號遇五。明諸生，不求進取，耽著述，世所傳朱墨字板、五色字板謂之閔板，多為其所刻，有《六書通》盛行於世。凌濛初，字子房，號初成，迪知子。崇禎甲戌以副貢授上海丞，署鹽場積弊，擢判徐州，居房村，曾助何騰蛟禦流寇，頗有戰功，後李自成犯徐境，濛初英勇抵抗，壯烈成仁，房村建祠祀之。兄湛初字玄夏，潤初字玄雨，並以古文詞名於世，下筆千言，兄弟皆早卒。〔註13〕閔齊伋及凌濛初之家人可知者如下：

閔齊伋：
閔夢得
閔齊華
閔象泰
閔于忱（松筠館）
凌濛初（即空觀主人）
凌瀛初（玄洲）
凌澄初（候散）
凌正初（茂成）
凌汝標（五老山人）

〔註13〕傅增湘，〈閩板書目序〉。

閔昭明（伯弢）	凌汝亨
閔映張（文長）	凌弘憲（叔度、天池居士）
閔光愉（藕儒）	凌啓康（安國、旦菴主人）
閔如霖（師望）	凌敏楠（殿卿、覺子道人）
閔元衢（康候）	凌杜若（若衡）
閔無頗（以平）	凌約言（季默）
閔振業（士隆）	凌雲（宣之，雲秋山人）
閔邁得（日新）	凌元爌（廣成子）
閔洪德（子容）	凌元燦（燦分，垚光山人）
閔映壁（文仲）	凌性德（成之）
閔一栻	凌惇德（季先、天目山人）
閔　邃	凌端森
閔　杲	凌南榮

閔板字體方正，朱墨套印或兼用黛紫黃各色，白紙精印，行疏幅廣，光采炫爛，書面籤題都用細絹，朱書標明，頗爲悅目，其刻書內容則羣經、諸子、史鈔、文鈔、總集、文集，下逮詞曲，旁及兵占雜藝，凡士流所習用者大都具備，格式則闌上錄批評，行間加圈點標擲，務令詞義顯豁，段落分明，皆采擷宋元諸名家之說而萃之一編，欲使學者得此可以識途徑，便誦習。

閔氏爲吳興望族，當時同遊者有凌迪知、茅坤、鍾惺、李贄等。遇五與濛初知同時，長同邑，性復同嗜，閔、凌兩家合作印書，編纂之事常屬凌氏，而印行必寫閔雕，故時人稱爲「閔刻本」。凌氏不僅精於刻書，其著述亦多，撰有《聖門傳詩嫡冢》十六卷、《言詩翼》六卷、《詩逆》四卷、《東坡禪喜集》十四卷、《國門集》一卷、《國門乙集》一卷，其所編則有《合評選詩》七卷及《陶韋合集》十八卷。〔註 14〕

陶湘之《閔板書目》共收集了一百十部，可謂賅富，在此即不更列。

第四節　福建省

自南宋至明季，福建一直是全國重要的出版地之一。《方輿勝覽》云：「建寧麻沙、崇化兩坊產書，號爲圖書之府。」〔註 15〕《朱子大全・嘉禾縣學藏書記》亦云：

〔註 14〕張隸華，《善本戲曲經眼錄》（臺北：文史哲出版社，民國 68 年）頁 8。
〔註 15〕祝穆撰，《方輿勝覽》。（臺北：文海出版社，民國 70 年）卷十一，頁 224。

「建陽麻沙版本書籍，行四方者，無遠不至。」〔註16〕《左海文集》：「建安麻沙之刻，盛于宋，迄明未已。四部巨帙，自吾鄉鋟版，以達四方，蓋十之五六。今海內言校經者，以宋槧爲據。言宋槧者以建本爲最，閩本次之。建本者，岳珂《經傳沿革例》所稱附釋音注疏，有《周易》、《尙書》、《毛詩》、《周禮》、《禮記》、《春秋三傳》、《論語》、《孟子》十經，世謂之十行本是也。閩本者，嘉靖時閩中御史李元陽、僉事江以達所校栞是也。又有廖瑩中世綵堂本《爾雅》，惠棟校宋建安本《禮記正義》，藏曲阜孔家，尤人間希遘之寶。」〔註17〕可見閩本不但數量極多，行銷四方，而且善本亦不少。但是畢竟良莠不齊，閩板所得到的惡評仍然不少。如《老學庵筆記》云：「天下印書，以杭州爲上，蜀本次之，福建最下。」又載麻沙本「乾爲金，坤又爲金，何邪？」的笑話〔註18〕。《五雜俎》亦云：「建陽書坊，出書最多，而版紙俱最濫惡，蓋徒爲射利計，非以傳世也。」〔註19〕也因爲閩坊爲求速售，大量出版，所以其價錢較低，《經籍會通》云：「三吳七閩，典籍萃焉，其精吳爲最，其多閩爲最，其直重吳爲最，其直輕閩爲最。」〔註20〕

麻沙書坊曾二度被火，一於元季，一於明弘治十二年十二月初四日，所以書籍之行四方的閩本，皆崇化書坊所刻。閩建書坊就可考見者共一百五十一人，居全國之冠，茲列載於下：（按首字筆畫順序排列）

王崑源三槐堂	余新安	余彰德萃慶堂
王介蕃三槐堂	余象斗三臺館、雙峯堂（余文臺、余仰止、余象烏、余世騰）	余長公萃慶堂
王登百三槐堂	余君召	余泗泉萃慶堂
江子升三槐堂	余應灝三臺館	余紹崖自新齋
西園堂（西園精舍）	余應鰲三臺館（紅雪山人）	余允錫自新齋
朱美初	陳雲岫積善堂（字奇泉、號孫賢）	余良木自新齋
余氏雙桂堂	陳崑泉	余明吾自新齋
余文杰自新齋	陳孫安	葉翠軒
余良史	陳國晉（字康候）	葉一蘭作德堂
余泰垣		虞氏務本書堂
余應孔居仁堂（字獻可）		詹霖宇靜觀室（字聖譯）
余應良		詹彥洪靜觀堂

〔註16〕葉長青，〈閩本考〉。《圖書館學季刊》，二卷一期，頁115。
〔註17〕同上註。
〔註18〕陸游，《老學庵筆記》（臺北：木鐸出版社，民國71年），卷七，頁94。
〔註19〕謝肇淛，《五雜俎》（臺北：新興書局，民國60年），頁1093。
〔註20〕胡應麟，《少室山房筆叢》卷四。

余應虬（字陟瞻）
余應興
余碧泉克勤齋
余自新克勤齋
余明臺克勤齋
余繼泉
余季岳
余成章（字仙源）
余楷式
余秀峯
余廷甫
余元長
余長庚
余敬宇
余熙宇
余氏興文書堂
余氏存慶堂
余仁公
余松軒
余　恒
余氏雙杜堂
李仕弘昌遠堂
吳彥明
吳世良
明實書堂
忠武堂
周氏四仁堂
金魁（字拱塘）
陳玉我積善堂、繼善堂（字國旺）
鄭氏萃英堂
鄭雲竹宗文堂（字世豪）
鄭以楨
鄭以禎
鄭伯剛
陳恭敬
陳懷軒存仁堂
陳世璜存德堂（字耀吾）
張　好
張氏新賢堂
黃輝宇
黃正甫
博文堂
博濟藥室
博雅書堂
源泰堂
楊先春清白堂、歸仁齋（字新泉、號閩齋）
楊江清江堂、清白堂
楊居寀（字素卿）
楊日彩（字素卿）
楊美生
楊發吾
楊春榮煥文堂
楊金四知館（字麗泉、號君臨）
楊爾賢玉鏡堂
楊起元
葉景逵廣勤堂、三峯書舍
葉見遠
葉志元
葉貴近山書舍
葉天熹（字會廷）
葉仰峰
劉宗器安正堂（安正書堂）
劉朝琯安正堂（字子明，號雙松）
劉龍田喬山堂、忠賢堂（劉大易、劉少崗）
詹柏楨唾玉山房（字祥生）
詹廷怡文樹堂
詹林所
詹承爾西清堂（字曾之，號易齋）
詹長卿就正齋
詹氏進德書堂
詹張景
詹恒忠
詹聖學
詹聖謨
詹道堅
詹氏進賢堂
愛慶堂
熊宗立種德堂、厚德堂（字道軒，號勿聽子）
熊沖宇種德堂（字成治）
熊體忠宏遠堂（字雲濱）
熊咸初
熊龍峯忠正堂
熊清波誠德堂
熊安本
熊大木（字鍾谷）
熊仰臺
熊稔寰燕石居
鄭少垣三垣館、聯輝堂
鄭雲齋宗文堂、寶善堂（字世魁）
鄭雲材（字世容）
劉氏日新堂
劉朝錫（字獻可）
劉克常
劉寬裕
劉輝明德書堂

鄭以厚（字祖雲）	劉君佐翠巖精舍	劉廷賓
鄭筆山	劉文壽翠巖精舍	劉舜臣（字弼虞）
鄭大經四德堂	劉蓮臺（字求茂）	蕭騰鴻（字慶雲）
鄭純鎬	劉孔敬	蕭世熙（字少渠、少衢，騰鴻子）
蔡氏道義堂	劉肇慶（孔敬子）	羅氏集賢書堂
蔡益所	劉孔敦	
鄧以楨	劉太華	
德聚堂	劉成慶	
劉洪愼獨齋（字弘毅，木石山人）	劉希信	

以上閩建書坊，其中余姓者三十八人，劉姓二十人，詹姓十四人，鄭姓十一人，楊姓十人，熊姓十人，陳姓八人，葉姓八人，皆爲經營書坊業之大家族。閩坊刻書其地點有的署建寧、建邑、建陽、建安、潭邑、潭陽、潭城、或閩建，均屬於建寧府，亦有詹林所署福書林，詹氏西清堂署福建書肆，則不知在福建何處。建陽自古有「圖書之府」的美稱，余象斗所刻的《古今韻會舉要》一書中，有李維楨之序云：「建陽故書肆，婦人女子咸工剞劂。」建陽書坊集中於麻沙及崇化兩地，此兩處都在建陽縣西，兩地相距約十公里。南宋時，麻沙本、崇化本齊名，至明季，因麻沙書坊於元、明二度遭祝融之災，古今書板盡燬，故書籍之行四方者，皆崇化書坊所刻。明嘉靖《建陽縣志》稱：「建邑兩坊，古稱圖書之府，今麻沙雖燬，崇化愈蕃。」卷三又載：「書市，在崇化里，比屋皆鬻書笈，天下客商販者如織，每月以一、六日集。」〔註 21〕而所謂崇化本，實係崇化里的轄屬書坊所刻，所謂書市，其地點就在書坊東門。書坊也叫書坊街，又叫書林，都是地名，所以有些書坊刻書題識上寫「書坊某某梓」，此書坊有二義，或爲職業別，或爲籍貫。

建本爲求低價速售，大量出版，往往校勘不精，錯訛字多，不但爲人所詬病，且引起了官府的干涉。嘉靖五年，有人建議專設儒官，校勘經籍，特遣侍讀汪佃往行，詔校畢返京，勿復差官更代。過了六年，福建提刑按察司給建寧府的牒文中說：「照得五經、四書，士子第一切要之書，舊刻頗稱善本，近時書坊射利，改刻袖珍等版，款制褊狹，字多差訛，如「巽與」訛作「巽語」，「由古」訛作「猶古」之類，……即將發出各書，轉發建陽縣，拘各刻書匠戶到官，每給一部，嚴督務要照式翻刻，縣仍選委師生對同，方許刷賣。書尾就刻匠戶姓名查考，再不許故違官式，另自改刊。如有違謬，拿問追版劃毀，決不輕貸。」〔註 22〕不過這也只限於考試必用的經

〔註 21〕張秀民，〈明代刻書最多的建寧書坊〉，《文物》，1979 年，六期，頁 78。
〔註 22〕《周易》二十四卷，明嘉靖建寧刊本，見刻本後所附牒文。

書讀本，至於其他類的書籍，只好任其刊行。

建本之戲曲小說多爲上圖下文，圖畫扁短橫幅，南京本則改爲整板半幅，或前後頁合併或一大幅。建本除少數用白綿紙藍靛印刷外，其餘多用大苦竹所造專供印書用的本地特產「書籍紙」，及鄰縣廉價的順昌紙。胡應麟說：「閩中紙短窄黧脆，刻又舛訛。」〔註 23〕閩人謝肇淛云：「建陽有書坊出書最多，而紙板俱最濫惡。」又說：「雕板薄脆，久而裂縮，字漸失眞。」〔註 24〕

明代官府向建陽書坊索書，巧取豪奪，付資很少，書坊以償不酬勞，虧食血本，往往暗中毀壞雕板，實爲對出版事業的一大摧殘。〔註 25〕

建陽余氏刻書源於北宋，迄明末衰，據《東華續錄》所載可知，余氏自北宋遷於建陽縣之書林，即以刊書爲業，彼時外省板少，余氏獨於他處選購紙料，印記勤有二字，紙板俱佳，是以建安書籍盛行。可見余氏對建陽贏得「圖書之府」的美稱，貢獻甚大。

明代余氏書坊之堂號有三臺館、雙桂堂、雙峯堂、萃慶堂、自新齋、居仁堂、克勤齋、興文書堂、存慶堂、雙杜堂等。而余氏經營書坊已知者達三十人之多，可說是最大的刻書家族。刻書中題「三臺館」者爲余家斗之書坊，如《唐國志傳》、《大宋中興岳王傳》、《南北兩宋志傳》；亦有兼題名者如《八仙出處東遊記》署「三臺山人仰止余象斗」；而在《新刻京本春秋五霸七雄分像列國志傳》署：「書林文臺余象斗評梓」；至此可知余文臺、余象斗、余仰止均同爲一人。雙峰堂亦爲余象斗之書坊，如《萬錦情林》署「雙峰堂文臺余氏梓」；另《京本通俗演義按鑑全漢志》署「書林文臺余世騰梓」，而《三國志傳》署「書坊仰止余象烏批評」，由以上錯綜複雜的題署中可以歸納出下列結論：一、余文臺、余仰止、余象烏、余世騰、余象斗均爲同一人。二、三臺館、雙峰堂爲一家之書肆。三、若書林指地名，則象斗爲崇化書坊。

余文臺刻書甚多，在《海篇正宗》一書卷端有「三臺山人余仰止影圖」，圖繪仰止高坐三臺館中，文婢捧硯，婉童烹茶，憑几論文，榜云：「一輪紅日展依際，萬里青雲指顧間。」〔註 26〕

刻書坊名署萃慶堂有余彰德、余長公、余泗泉；余彰德刻書在泗泉之前。從姓氏視之，可能和泗泉同輩者有余碧泉、余繼泉，及在金陵從業的餘慶堂余大茂思泉、余尙勳東泉。余碧泉、余自新及余明臺之書坊均爲克勤齋，碧泉刻書年代可考者爲

〔註 23〕胡應麟，《少室山房筆叢》卷四。
〔註 24〕謝肇淛，《五雜俎》（臺北：新興書局，民國 60 年），頁 1093。
〔註 25〕張秀民，〈明代刻書最多的建寧書坊〉，《文物》，1979 年，六期，頁 78。
〔註 26〕王重民，《國會圖書館善本圖書目錄》（臺北：文海出版社，民國 61 年）頁 83。

萬曆十四年至二十七年，明臺則爲萬曆三十三年，較碧泉稍後。

署自新齋者有余良木、余紹崖、余允錫、余明吾、余文杰等人，而在《諸史狐白合編》一書中合刊者有余良木、余泰垣、余文杰、余紹崖，除余允錫約在嘉靖年間外，其餘均在萬曆年間。

署居仁堂者爲余獻可即余應孔，與余應灝、余應良、余應虬、余應鰲應爲兄弟行，其中余應鰲、余應灝坊名亦署三臺館，刊書年代較象斗爲晚。

余氏弟子除了在建陽經營書坊外，亦有遷徙金陵從事書坊業者，可考者如刻「藝林尋到源頭」的余昌宗，及刻「新刻翰林劉先生彙纂時文助博分類古奇字句聯珍」的東泉余尚勳，刻「新鐫諸子拔萃」的餘慶堂余大茂思泉。

劉洪字弘毅，號木石山人，自稱「書戶劉洪」，坊名愼獨齋，當時有「義士」之稱。〔註 27〕所刻多爲大部頭的史書或類書。王重民先生說：「愼獨齋劉氏以刻書世其家，兼通史學。宣德正統間，有劉剡者，纂少微宋元二鑑，又纂尹氏發明以下數家入綱目，劉寬刻之。寬與剡殆爲同族兄弟，而寬當爲劉洪之祖或曾祖。」〔註 28〕劉洪刻書約當弘治、正德、嘉靖間，若寬爲宣德間人，兩人相去約六十年，故王重民之推論應屬正確。

愼獨齋刻書態度認眞嚴謹，錯誤極少。明高濂云：「國初愼獨齋刻書，似亦精美。」〔註 29〕清徐康言：「愼獨齋細字，遠勝元人舊刻大字巨冊。」〔註 30〕其刻《史記》計改差訛二百四十五字。〔註 31〕刊《文獻通考》計改差訛一萬一千二百二十一字。〔註 32〕所刻《山堂羣書考索》一書鄭京序稱：「稱僉憲院公賓巡抵建陽，手出是書以示邑宰區公玉，玉以義士劉洪校讎督工，復劉瑤役一年以償其勞。」〔註 33〕葉德輝說：「劉洪愼獨齋刻書極夥，其版本校勘之精，亦頗爲藏書家所貴重，余藏有《宋文鑑》一百五十卷，卷一有牌記云：『皇明正德戊寅愼獨齋刊』，此向來藏書家所未及者。按洪於是年刻有《十七史詳節》二百七十三卷，已載前撰《書林清話》。此二書皆卷帙極多者，均於一年之中刻成，可謂勇於從事矣！字體勁秀，行格緊密，二書亦正相類。」〔註 34〕可見劉洪刻書態度認眞，工程鉅大，實爲當時書坊中少見者。

〔註 27〕同註 25。
〔註 28〕同註 26。頁 100。
〔註 29〕高濂，《燕閑清賞箋》，卷十四。
〔註 30〕徐康，《前塵夢影錄》，卷下。
〔註 31〕《史記》，明正德戊寅建陽令邵宗周刊劉氏愼獨齋校訂本，冊三十末頁版記。
〔註 32〕《文獻通考》，愼獨齋刊本，見牌記。
〔註 33〕葉德輝，《書林清話》五。（臺北，世界書局，民國 63 年），頁 135。
〔註 34〕同上註。

劉氏安正書堂亦是建陽著名之書坊。張秀民說：「劉宗器安正堂與其子孫劉朝琯、劉雙松，自宣德四年至萬曆三十九年近二百年，先後刻書二十四種。」〔註35〕事實上我們由劉雙松所刻之《鍥王氏秘傳知人風鑑源理相法全書》之題識：「雙松劉朝琯」；及《萬寶全書》題：「劉子明（雙松）編輯」，可知劉朝琯、劉雙松、劉子明實爲同一人。他所刻的書，墨色渙散，紙質粗劣，和劉宗器相去甚遠，這也是萬曆以後書坊刻書的共同現象。張氏云劉氏刻書止於1611年，共二十四種。但今見《萬寶全書》則刻於1612年，且經收集各家目錄，劉氏刻書共計五四種，可見張氏所云實爲臆斷之言。安正堂所刻之書，內容廣泛，除經、史、醫書、類書外，以集部最多。

翠巖精舍劉氏刻書始於元延祐中，迄於明成化，劉君佐曾刊《周易傳義》十卷等書。所刊《史鉞》一書題：「松塢門人京兆劉剡校」。而劉剡爲愼獨齋之先人，可見兩家關係必相當密切。而考其所刻《蔡氏傳輯錄纂注》六卷引用諸家姓氏後，有建安余安定編定一行，故前人亦每疑其與建安余氏似有姻緣。〔註36〕翠巖精舍劉君佐之後人爲劉文壽，刻書約當成化年間。

劉龍田字少崗，號大易，坊名喬山堂或喬山書堂及忠賢堂，乃萬曆間閩中建陽書林，但字跡不苟，不似當時盛行之匠體，實屬難得。兄弟行中有專刻堪輿書的文林喬山堂劉玉田。劉龍田除爲書賈外，亦善木刻，於隆慶、萬曆間，曾刻《元本題評西廂記》，及《故事大全》。

廣勤堂是葉景逵之書坊，其所刻之《萬寶詩山》字體圓活，版刻精美，前代藏書家每誤作元刻，《書林清話》中有專篇討論，但《春秋胡氏傳》則字跡漫渙，兩者相去甚遠。葉景逵乃葉日增之後人，其活躍年代當在元末明初，所刻之書署：「書林三峯葉景逵」、「書林葉氏廣勤堂梓」，或「三峯書舍」四字鐘式木記，「廣勤堂」三字鼎式木記等。建安余氏書業，衰於元末明初，繼之者有葉日增廣勤堂，自元至明，刻書最夥。

葉貴爲建陽書坊，但金陵書坊中，亦有名葉貴者，如《卜居秘髓圖解》三卷新增三卷題：「金陵三山街建陽近山葉貴梓……刊於金陵建陽葉氏近山書舍。」可知此乃建陽書林設肆於金陵者，因爲同時間兩地皆有刻書，故疑其同時在兩處均有書坊。

清白堂楊先春乃閩建書坊，至萬曆末猶世守弗替，先春字閩齋，清江堂楊江乃其同族。葉德輝及張秀民皆認爲楊氏歸仁齋，亦稱清白堂，本疑是說，因爲歸仁齋

〔註35〕張秀民，〈明代刻書最多的建寧書坊〉，《文物》，1979年，六期，頁78。

〔註36〕梁子涵，〈建安余氏刻書考〉，《福建文獻》，一期，頁71。

刻書在嘉靖年間，所刻多爲史部或集部之書，而清白堂刻書約當萬曆年間，所刻多爲小說，而且以前所發現歸仁齋所刻只題楊氏歸仁齋，而未述及其名，不過由後來增補之明代版刻綜錄中，發現楊先春除清白堂外，尚有歸仁齋，不過歸仁齋稍早於清白堂，可能是後來改名之故，而楊江除清江堂外，也有清白堂，且刻書年代約當正德嘉靖年間，比楊先春早，可知其二人之關係必相當親近。

楊氏書坊中有楊居寀、楊日彩皆字素卿，不知是否爲同一人？

《建陽縣志・方技列傳》載：「熊宗立，別號道軒，從劉剡學陰陽醫卜之術，注〈天元〉、〈雪心〉二賦：《金精鼇極》、《難經》、《脈訣》、《藥性賦補遺》，並集婦人良方等書行於世。」〔註 37〕閩建其他書坊在縣志均無傳，唯宗立留名，其所刻多爲醫書，坊名種德堂及厚德堂，別號勿聽子。熊成治沖宇亦署種德堂，應爲其後人。

熊大木，字鍾谷，編有很多小說，按清白堂所刊之《大宋演義中興列傳》之序署「建邑書林熊大木鍾谷識」，可知熊大木亦在建陽經營書坊。據《全像按鑑演義南北兩宋志傳》（三臺館刊）的三臺館主人序言稱：「昔大木先生，建邑之博洽士也，遍覽羣書，涉獵諸史，乃綜核宋事，彙爲一書，名曰《南北宋兩傳演義》。事取其眞，辭取其明，以便士民觀覽，其用力亦勤矣。」可知其亦具有學識者。所編之書有《全漢志傳》、《唐書志傳通俗演義》、《大宋演義中興英烈傳》、《南北宋兩傳演義》等，一人所編撰如此之多，在講史小說中，自爲極重要之人。但現存其所編的這些小說，均非自署「書林」的熊大木自己梓行的，也未見刻其他的書，是否熊大木爲只編不刻的書坊則無從所知了。

宗文堂是鄭氏書坊，署宗文堂的有鄭雲齋世魁、鄭雲竹世豪，雲齋另有書坊名寶善堂。鄭雲齋世魁、鄭雲竹世豪與鄭雲林世容應爲兄弟。

建坊陳氏刻書極多，陳雲岫，字奇泉，號孫賢，和陳國旺（字玉我）皆以積善堂爲坊名，國旺另有書坊繼善堂，奇泉和刻《氏族大全綱目》的陳崑泉應爲兄弟。

務本書堂爲元代有名之書坊，所刻之書如至元辛巳年刻《趙子昂詩集》七卷（陸志），泰定丁卯刻元蕭鎰新編《四書待問》二十二卷（陸志），至正丙戌刻《周易程朱傳義》十四卷，附《呂祖謙音訓毛詩朱氏集傳》八卷，河間劉守貞《傷寒直格方》二卷、《後集》一卷、《續集》一卷，張子和《心鏡》一卷（瞿目、陸志），《增刊校正王狀元集註分類東坡先生詩》二五卷（天祿後編六），《道德河上公章句》四卷（瞿目），而《易傳會通》則刻於洪武二一年，可知虞氏是元至明初的書坊。

〔註 37〕趙模修等纂，《建陽縣志・方技列傳》，（臺北：成文書局，民國 18 年鉛印本）第四冊，頁 1240。

第五節　廣東省及其他地區之書坊

廣東省之書坊有黎光堂劉榮吾、劉興我、及正氣堂，皆署富沙書坊，按富沙即廣東惠陽。廣東書坊在明朝並不多，但至清初卻逐漸興盛，在柳存仁的〈論明清中國通俗小說之版本〉中所列之書坊即以廣東省者爲多。

此外，尚有一些書坊因資料不足無法考其所在，玆列舉於下，以待來日證之。

文秀堂	周崑岡	書林清心堂	書林葉應祖
書坊文萃堂	林於閣	書林陳含初	葉順檀香館
方東雲聚奎堂	郜陽書堂	起鳳館	萬卷堂
天繪閣	佳麗書林	黃氏亦政堂	彙錦堂
書林王氏	柳浪館	黃爾昭存誠堂	書林詹氏
王守渠珍萃堂	查　氏	書林豫所陸時益	劉氏翠巖堂愼思齋
書坊安雅堂	映旭齋	書賈童氏	書林鄭瑞我
何敬塘	香雪居	植槐堂	蔡正河愛日堂
竹林堂	高士奇環翠堂	善敬書堂	餘慶書堂
泊如齋	唐　謙	敬書堂	魏　家
兩錢世家	留都書肆	集義堂	寶珠堂
尙德堂	崇仁書堂	張三懷敦睦堂	書林羅氏
明德書堂	書林翁氏雨金堂	書林楊明峰	顧曲齋
周敬吾	巫峽望僊巖	楊帝卿	書林龔君延

第三章　書板之轉移

明季有許多書坊把他們所刻的舊板，轉售與本城或他城的其他書賈，另外用一個堂名重印，或者同一部書，剜改其書名僞作他書印售。書板之轉售大概可以歸納爲下列幾種情形：一、購得原板者並未刪改或增添內容，僅在扉頁、封面、或牌記上加印自己的坊名。二、有些購得舊板者除了加入自己梓行的字樣外，還將原梓者的名字加以剜改。三、也有購得之後，在內容上另外竄入他文，使得篇幅加大者。四、購得舊板本，將書名加以變更者。如尙德堂刊之《彙書詳註》，實原爲世裕堂之《彙苑詳註》。五、購得殘板，補入他書者。以上五種情形除了一、二、四種情況很容易從外表來判斷外，其他三、四種情況都必需經過一番考證之後，方能洞悉。如《說郛》一書，原本百卷，陶宗儀卒後，稿藏其家，後佚三十卷，成化十七年郁文博得其殘稿，取《百川學海》以足之，及後聞錫山華家將翻刻《百川學海》，恐人識破，於是撰寫一序，詭稱刪去重見百川之書，此一經過，昌師瑞卿在《說郛源流考》中，已做過徹底的考證。〔註1〕亦有後世子孫未能善存先人刻版，保護先人血汗者，如毛晉所刻最善之《四唐人集》，其版爲子晉孫劈燒煑茗；《十三經》、《十七史》之版賣與席氏掃葉山房，至康熙間即已散佚等。現鄭德茂所撰《汲古閣刻版存亡考》內所載，其版散於各地，且多亡毀，實爲藝林一大憾事。〔註2〕

在筆者所見到的刻書中，即有不少同一部書中，印上不同書坊名者，茲列舉於下：

一、《全像北遊記玄帝出身傳》

卷內題：「建邑書林余氏双峯堂」，而卷末牌記則題：「壬寅歲季春月書林熊仰臺梓。」可知此書原爲余文臺所有，而後板歸熊仰臺，重印時在卷末加印牌記而已。

二、《新刊大宋中興通俗演義》

〔註1〕昌彼得，《說郛考》，（臺北：文史哲出版社，民國68年）頁19。

〔註2〕周彥文，《毛氏汲古閣刻書考》，東吳中文研究所碩士論文，民國69年，頁11。

每卷題：「書林双峯堂刊行」，獨卷七題：「書林萬卷樓刊本」，而版心又題：「仁壽堂」。双峯堂乃建安余氏書坊，刻了不少歷史小說，此《大宋中興通俗演義》即其一也。萬卷樓乃金陵周曰校之書坊，仁壽堂亦爲金陵書坊，杜信孚認爲兩家皆爲曰校之書坊，但筆者認爲證據不足，只敢說兩家關係極爲接近。此書可能原爲建板後售於金陵，而周氏加入卷七耳。

三、《酉陽撈古奇編》

原題：「閩書林陟瞻余應虬梓行。」而卷末牌記則題：「萬曆己酉秋月南京原板刊行。」可知此書原在金陵刊行，後板歸閩建余應虬。

四、《醫學正傳》八卷

此書每卷皆題編集、校正及繡梓者，而繡梓者各有不同，有「金陵三山街書肆松亭吳江繡梓」，或題「金陵原梓」，或「書林劉元初繡梓」，或題「潭城書林元初劉希信繡梓」。

五、《大明一統志》九十卷

書內題「皇明嘉靖己未歸仁齋重刊」，但書面則題「劉双松重梓」。歸仁齋及建陽楊氏之書坊，後板歸同邑之劉双松。

六、《新刊全相二十四尊得道羅漢傳》

此書卷首題「萬曆乙巳聚奎堂刊本」，第一卷題「書林清白堂梓」，第六卷木記題「萬曆甲辰冬書林楊氏梓」，按甲辰與乙巳只差一年，豈書板轉移如此之速？

七、《陳先生選釋國語辯奇旁訓評林》二卷

卷內題：「潭陽楊君宲卿父繡梓」，扉頁則題：「書林清白堂梓」。知此書原爲楊君宲繡梓，後板售與楊先春清白堂。

八、《新刊明醫秘傳濟世奇方萬病必愈》十一卷

是本卷前題：「潭陽詹柏楨祥生梓行」。卷末題：「書林文樹堂詹怡廷梓行」。扉頁題：「唾玉山房梓」，又有朱色木記曰文樹堂。疑此書原爲唾玉山房梓，後歸文樹堂。

九、《新刻出像音註劉漢卿白蛇記》二卷

卷首題「金陵三山富春堂繡梓」，但扉頁書名中間則題：「金陵唐錦池梓行」。

十、《新編古今事文類聚》二百三十六卷

序後題：「時萬曆甲辰春之吉金谿唐富春精校補遺重刊」。卷內題：金陵「唐富春子和刊」。書口下端鐫「德壽堂梓」。

十一、《新刊正文對音捷要琴譜真傳》六卷

此書中央圖書館所藏之書名如上，而繡梓者爲富春堂，另一板本爲國會圖書館所藏，書名爲：《重修正文對音捷要眞傳琴譜大全》十卷。書內亦題「金陵三山街綉谷對溪書坊唐富春梓」，而封面題：「琴譜合璧鬱岡山人彙訂，梅墅石渠閣梓。」可知此書原爲富春堂梓，後爲梅墅石渠閣所購。

十二、《新刊古今名賢品彙註釋玉堂詩選》八卷

卷末牌記題：「萬曆乙卯孟冬之吉金陵三山富春堂梓」，而書衣題：「達德堂梓」。

十三、《新刻出像官板大字西遊記》二十卷

正文前題：「金陵世德堂梓」。卷十六題：「書林熊雲濱重鍥」。卷十九、二十則題「金陵榮壽堂梓行」。

十四、《新刻癸丑科翰林館課》四卷

書內題：「金陵書林唐氏振吾廣慶堂督刊行」。而書衣則題：「燕臺原板」。

十五、《國朝名公翰藻超奇》十四卷

開卷題：「繡谷後學唐廷仁校梓」。卷十以後又題：「繡谷後學唐廷仁、金陵對峯周曰校梓行」。不過此書可能爲周、唐二人合刊本。

十六、《新鍥鄭孩如先生精選史記旁訓句解》八卷

書題：「鞭垓子楊九經訂梓」。扉頁題：「金陵書坊唐溟洲刊」。

十七、《新刊校正古本大字音釋三國志通俗演義》

萬曆辛卯周曰校刊，版心下題「仁壽堂刊」。

十八、《昭代典則》二十八卷

中央圖書館藏本題：「萬曆庚子萬卷樓刊本」。《莫志》亦載此本，但封面題：「皇明十二朝正史，萬曆辛丑萃慶堂刊本」。

十九、《全像海剛峯居官公案傳》四卷

萬曆丙午金陵萬卷樓刊，煥文堂重校刊本。

二十、《新刻校古本歷史大方通鑑》二十一卷首一卷

卷題：「太學繡谷敬竹周時泰刊行」。扉頁題：「梅墅石渠閣藏板」。

二十一、《鄒南皐集選》七卷

萬曆丁未余懋衡刊，石城周氏博古堂印本。

二十二、《清睡閣快書十種》十五卷

書題：「明華淑輯刻」。封面題：「書林舒一泉梓行」。

二十三、《新刊徐文長先生評唐傳演義》八卷九十一節

封面左下曰:「書林舒載陽梓」。版心下題:「藏珠館」。卷一題:「武林藏珠館繡梓」。

二十四、《唐會元精選批點唐宋名賢策論文粹》八卷

卷內題:「書林桐源胡氏梓」。卷端復有:「三山街浙江葉氏錦泉告白」。蓋爲胡氏原板，後歸葉氏。

二十五、《儒門事親》十五卷

此書有二板，皆爲新安吳勉學原梓，其一扉頁題:「敦化堂梓」。另一本與此無纖毫異，而扉頁題「步月樓梓行」，兩本互勘，後者印行較晚，則知此板初歸敦化堂，後又歸步月樓。

二十六、《幼科全書》十四卷

此書乃由八種書彙印而成，除《博集稀痘方論》外，其餘七種皆題新安吳勉學校，扉頁則題:「王宇泰先生輯，翼聖堂梓行」。疑翼聖堂購得吳氏殘板，加刊《博集稀痘方論》，以《幼科全書》名之，而託諸王肯堂所輯。

二十七、《傷寒六書》六卷

原題:「餘杭節菴陶華述，新安吳勉學校」。卷一、卷三、卷四、卷五又題:「新安吳中珩校，然中珩二字係剜改」，封面則題:「步月樓梓」。疑原板爲吳勉學梓，後歸吳中珩，又歸步月樓。

二十八、《鍼灸甲乙經》十二卷

卷內題:「明新安吳勉學校」。封面題:「步月樓梓行」。

以上諸例，都可以很明顯的從封面、扉頁、牌記等地方的記載，看出書板轉移的痕跡。至於其所以將板轉移的原因則難查考，或者是因爲將板易地重印，可以售得其剩餘價値也未可知。明末大出版家毛晉所刻之《丹淵集》四十卷，原爲吳建先剞劂，至崇禎四年，毛氏遇吳建先，吳氏因其於此集能梓而不能行，已漸入蠹魚腹，遂挈其梨棗以歸，毛氏爲理殘缺而重新授梓，此集方廣傳於世。〔註 3〕所謂能梓不能行當指的是此書乃好書但買者不多之意。端賴毛氏以出版好書爲己任，此書方不致沈沒於世。由上諸證，可知明代書坊之間書板轉移的情形非常普遍，不僅轉售本城，亦有轉售他省者，尤以金陵、建陽兩地的交往最爲熱絡。有些書坊不但刻書多，轉售之例亦多，如余氏双峯堂，周曰校萬卷樓，唐氏富春堂，新安吳勉學等；而由他們所轉移的對象，可以推知其間關係必定相當密切，如周曰校之書板多歸仁壽堂，吳勉學之書板則多歸步月樓。

〔註 3〕同上註。頁 77。

第四章　書籍之盜印與書坊刻書之譌謬

盜印之風在明代相當盛行。明郎瑛說：「我朝太平日久，舊書多出，此大幸也，亦惜爲福建書坊所壞。蓋閩專以貨利爲計，凡遇各省所刻好書價高，即便翻刻，卷數目錄相同，而篇中多所減去，使人不知，故一部止半部之價，人爭購之。」〔註1〕盜印本的特色爲質差、價低，最符合低收入之文人士子的需求，這種風氣沿傳至今變本加厲，不但侵犯到原著作者、校梓者的版權，而且劣幣趨逐良幣，使得無人肯多花成本精校、精刊好書了。

爲了防止他人盜印，在書坊刻書的題識中，往往不難發現一些告白，希望別人不要盜印，或希望購書者選購原板，同時作廣告宣傳自己的板本及所下的心血。如余象斗刻《八仙出處東遊記》即有一篇告白：「不俗斗自刊華光等傳，皆出予心胸之編集，其勞鞅掌矣！其費弘鉅矣！乃多射利者，甚諸傳照本堂樣式，踐人轍迹而逐人塵後也，今本坊亦有自立者固多，而亦有逐利之無恥，與異方之浪棍，遷徙之逃奴，專欲翻人已成之刻者，襲人唾餘，得無垂首而汗顏，無恥之甚乎？故說。　　三臺山人仰止余象斗言。」

但余文臺自己編刻的《萬用正宗不求人全編》三十五卷乃據《學府全書》增輯之，有余氏告白云：「坊間諸書雜刻，然多沿襲舊套，採其一，去其十。棄其精，取其粗。本堂近得此書，名爲《萬用正宗》者，分門定類，俱載全備，展卷閱之，諸用了然。」此書卷十六牌記題：「萬曆新歲穀旦喬山堂劉少崗繡」。蓋十六卷載《書法叢珠》，原爲萬曆初喬山堂所刻，文臺取以編入是書，不知是否曾商得版權？

另有《皇明文雋》八卷，卷末題：「師儉堂蕭少渠依京板刻」。封面亦題：「師儉堂蕭少渠領繡一行」，又有朱記云：「陳衙發鋟《皇明文雋》……敢有翻刻必究。」《新鍥侗初張先生註釋孔子家語雋》五卷，封面左下角題：「師儉堂謹依京板重刻。」

〔註1〕張秀民，〈明代刻書最多的建寧書坊〉，《文物》，1979年，六期，頁79。

右上又題：「是刻係張太史家珍，本堂幣請重梓，仍加校讎，宋體楷刻無一差訛，每部冗價紋銀參錢正，買者請認師儉堂的板。」師儉堂刻之《鼎鐫陳眉公先生批評西廂記》二卷，附《釋義》二卷、《蒲東詩》一卷、《錢塘夢》一卷。扉頁亦題：內倣古今名人圖書翻刻必究。

以此層層設防的警語，可見盜印風氣之盛！但是卻不曾見到任何盜印必究的例子，恐怕除非是官刻書，否則也只好聽之任之了。

其實盜印之風南宋早已存在，尤以盜印名著最爲盛行。如《十七史詳節》的印行，極有未經作者同意的可能，呂祖謙的另一著作《歷代制度詳說》本爲家塾私課之本，其後轉相傳錄，遂以付梓，但祖謙年譜沒有撰作此書的記載，可見並非準備行世的著作。在南宋亦有書坊盜印著作，引致麻煩的，如朱熹的《四書或問》，因其間頗多尚待商榷之處，而又無暇重編，所以未嘗出以示人，後來有書肆將此書暗中刊行，朱熹請於縣官，追索版片，盜印者於是心勞日絀了。〔註2〕

書坊刻書，爲了標新立異，書名極長，加上一大串形容詞，如「新刻增異」、「殘本新刻」、「全像按鑑」、「鼎鍥註釋」、「增廣」、「新刊出像音註」、「重言重意」、「諸儒批點」、「新刊校正京本大字音釋圈點」等等不一而足。乍看書名，往往令人誤以爲是新書，其實只是書坊促銷的一種伎倆罷了。有些書封面上的書題，與書內的書題不相符合，如《繡像後唐全傳》，封面作「繡像後唐全傳」，目錄書名作「新刻增異說唐後傳」，不但不一致而且意思完全相反，而到了正文書名又變成「增異說唐秘本後傳」。這種例子在明代書坊所刻的小說中最多。也有書名和內容不相符者，如英德堂刊的《玉茗堂批點繡像南北宋志傳》，實際上所刊的只是「南北宋志傳」的「南宋」那一部份而已。

除了書名常令研究板本者感覺困擾瞀亂外，書坊常在書上亂題批評者的名字，最常見的如湯顯祖（玉茗堂）、徐文長、鍾惺、陳繼儒、李贄（李卓吾）等人，其中的眞僞，辨別起來常要耗費許多功夫，才能夠正面的把它證明或反面地將它推翻，而最多數的時候是「查無證據，事出有因」。〔註3〕

更有書賈不學無術，顚倒時代，隨便竄入不相關的內容，如建邑書林楊氏清江堂刻的《續編資治宋元綱目大全》二十七卷，商輅撰。書內題：「後學廬陵劉友益書法，後學新安汪克寬考異，後學慈湖王幼學集覽，後學建安馮智舒質實，建邑書林

〔註 2〕潘銘燊，〈書業惡風始於南宋考〉，香港中文大學《中國文化研究所學報》，1981，十二卷，頁274。

〔註 3〕柳存仁，〈論明清中國通俗小說之版本〉，《和風堂讀書記》下（香港：龍門書店，民國66），頁454。

楊氏清江堂新刊。」按商氏是書成於成化十二年，王幼學、汪克寬，其時代皆在商輅之前，《集覽》與《考異》皆爲朱子《通鑑綱目》而作，不宜混入此書。〔註4〕

除此之外，節略長篇也是書坊惡風之一。有些書坊爲求減低成本，及適應一般讀者的購買力，往往刪節長篇。

由於官刻本享譽最高，最爲讀書人樂意購買，書坊有以自己所印板本冒充，以求速售者，如署「某衙藏板」者，甚多是書坊所刻。亦有「書賈移他書進表，置之卷端，欲以官書取重。」〔註5〕

有些書坊巧立名目，從一書中抽出一部份，另外單行，或將兩書合併一書者，如明詹彥洪的《靜觀室增補史記纂》，實就凌稚隆之《史記評林》，《史記纂》兩書，損益而成者。書林鄭世魁刻之《五車拔錦》三十三卷，較之《萬用正宗不求人全書備考》，互有詳略，而且是書卷後書名題作：「新刻提頭萬事全書類聚文林摘錦」，可知此書乃全本之《文林摘錦》，僅易其書名爲《五車拔錦》耳。

明代刻書最多，爲江南一代文獻所繫的毛晉汲古閣，雖如顧廷龍等撰《明代版本圖錄初編》所言：「雕槧布寰宇，經史百家，秘笈琳琅，有功藝林，誠非淺尠。江左文獻所繫，有明十三朝無出其右者。」〔註6〕又如武進陶氏序其所撰《汲古閣刻書目錄》亦云：「毛氏雕工精審，無書不校，既校必跋，紙張潔鍊，裝式宏雅。如唐、宋人詩詞及叢書、雜俎等刊，均可證明其良善也。」但毛氏刻書訛誤、闕失者亦甚多。其中妄改舊本者如《河嶽英靈集》、《搜玉小集》、《中州集》、《李文山集》、《長江集》、《孔氏家語》、《說文解字》、《廣川書跋》、《蘇米志林》、《陶靖節集》，其中又以《陶靖節集》擅改古書最甚。此刻收四言及五言詩共一百五十八首，卷二收賦、辭、記、傳、贊、述、疏、祭文共十七篇，與之較《陶淵明集》十卷本，毛本卷一乃合全集本卷一至卷四而成，毛本卷二乃合全集本卷五至卷八而成，全集本卷九、卷十乃《聖賢群輔錄》及《諸家評陶彙集》，毛本則僅存其《聖賢群輔錄》，再附以自訂之參疑、雜附，而聯成此編，已非原集之舊也。另毛氏所刻闕漏甚多者如《元四大家集》、《丁卯集》、《碧雲集》、《劇談錄》、《伊川擊壤集》等。亦有爲射利而刻者如《陸狀元通鑑》、《六十種曲》。所以雖然譽之者不少，然毀之者亦多，如《郘園藏書志》卷二載葉德輝跋《孔氏家語》云：「明毛晉汲古閣

〔註4〕屈萬里，《普林斯敦葛斯德東方圖書館中文善本書目》（臺北：藝文印書館，民國64年），頁123。

〔註5〕《合印四庫全書總目提要及四庫未收書目禁燬書目》（臺北：商務印書館，民國60）頁2107～2108。

〔註6〕顧廷龍等，《明代版本圖錄初編》（臺北：文海出版社，民國60年），頁389。

藏書皆善本，而刻書皆惡本，非獨《十三經》、《十七史》、《津逮秘書》諸大部已也，即尋常單行各種，往往後綴一跋，不曰據宋本重雕，即謂他本多訛字，及遇毛氏所藏原本校之，竟有大謬不然者……。」〔註7〕孫從添《藏書紀要》亦云：「毛氏汲古閣《十三經》、《十七史》，校對草率，錯誤甚多。」又云：「毛氏所刻甚多，好者僅數種。」〔註8〕故《書林清話》云：「其刻書不據所藏宋、元舊本，校勘亦不甚精，數百年來，傳本雖多，不免貽佞宋者之口實……其刻書之功，非獨不能掩過，而且流傳謬種，貽誤後人。」〔註9〕可知明代書坊即使爲大家者如毛晉，亦不免有校勘不精，脫漏缺失的毛病，其他書坊則更不待言了。〔註10〕

〔註7〕周彥文，《毛晉汲古閣刻書考》，東吳大學中文研究所碩士論文，民國69年。
〔註8〕孫從添，《藏書紀要》（臺北：廣文書局，民國57年），頁7。
〔註9〕葉德輝，《書林清話》（臺北：世界書局，民國63年）。
〔註10〕詳情請參考：周彥文，《毛晉汲古閣刻書考》，東吳大學中文研究所碩士論文，民國69年。

第五章　明代書價與書籍之流通

明代書坊刻書甚夥，但其價錢到底貴賤如何？是否是一般士子所負擔得起的？我們可由下列資料看出一些端倪。在筆者所收集的書坊刻書中，有四部書曾清楚的標上價錢，茲列舉於下：

一、《新鍥侗初張先生註釋孔子家語雋》五卷

師儉堂刊。封面左上題：「是刻係張太史家珍，本堂幣請重梓仍加校讎，宋體楷刻無一差訛，每部冗價紋錢參錢正，買者請認師儉堂的板。」

二、《新編事文類聚翰墨大全》一百二十五卷

安正堂刊：書前牌子題：「萬曆辛亥歲孟夏月重新整補好紙版每部價壹兩整。」

三、《大明一統志》九十卷

楊氏歸仁齋梓。封面題：「每部實價紋銀參兩」，而此書共分裝成三十本子，則每一本子值銀壹錢也。

四、《新鐫陳眉公先生評點春秋列國志傳》十二卷

金閶龔紹山梓。封面記：「每部紋銀一兩。」

我們如果將這些價格比照當時之物價，即可知道書價之貴賤。在清葉夢珠所著之《閱世篇》中對於明末清初松江地區之物價有詳細的記載。崇禎五年每斗白米價錢一百二十文，值銀一錢。至十一、二年間，錢價日減，米價頓長，斗米三百文，計銀一錢八、九分。豬肉，在崇禎之初，每斤價銀二分上下。茶之爲物，種亦不一，其至精者曰岕片，舊價紋銀二、三兩一斤。竹紙如荆川太史連，古筐將樂紙，作者幼時七十五張一刀，價銀不過二分，後漸增長，至崇禎之季、順治之初，每刀止七十張，價銀一錢五分。〔註1〕而在明謝肇淛《五雜俎》中，對當時之物價亦有零星之記載，雖然他標出價錢的物品都是一些特例，但我們亦可由此

〔註1〕葉夢珠，《閱世編》（臺北：木鐸出版社，民國71年），頁153～160。

看出一般價錢高低的概念。如：「一日呵得一擔水，纔直二錢，廉者之言也，然亦殺風景矣，質潤生水自是硯之上乘，譬之禾生合穎麥秀兩岐，可謂多得，一石穀纔直二百錢乎，蕭穎士謂石有三災，當併此爲四也。」〔註2〕而當時的乞丐日一文錢便可果腹。另外又提到梔子花與素馨、茉莉在閩皆不擇地而生者，北至吳楚始漸貴重，茉莉在三吳一本千錢。鮑魚是非常貴重的食品，而他說：「北地珍鮑魚每枚三錢」〔註3〕。從以上這些資料我們可以知道買一部《孔子家語雋》約可買白米三石，一個乞丐可以果腹三十日。買一部《事文類聚翰墨大全》約可買得五十斤肉。買一部《春秋列國志傳》也可買得五十刀共三千七百五十張的連史紙。以現在的書價看起來，當時之書價一點都不便宜。

清葉德輝認爲明季因私刻盛行，所以刻工極廉：「聞前輩何東海云：刻一部《古注十三經》，費費百餘金，故刻稿者紛紛矣。……按明時刻字工價可考者，陸志、丁志有明嘉靖甲寅閩沙謝鸞識嶺南張泰刻《豫章羅先生文集》，目錄後有刻板捌拾參片，上下二帙，壹佰陸拾壹葉，繡梓工資貳拾肆兩木記，以一版兩葉平均計算，每葉合工資壹錢伍分有奇，其價甚廉。至崇禎末年，江南刻工尚如此。徐康《前塵夢影錄》云：『毛氏廣招刻工，以《十三經》、《十七史》爲主，其時銀串每兩不及七百文，三分銀刻一百字，則每百字僅二十文矣。』」。〔註 4〕此外在中華大藏經會所影印之大藏經中，我們亦可以找到有關刻工工價的資料，此套大藏經之第二輯乃根據《嘉興正藏》、《續藏》、《又續藏》所影印。《嘉興藏》係明萬曆十七年紫柏老人創刊，易梵筴爲書冊，在五臺開雕，以後散在各地分刻，成於萬曆末年，繼刻《續藏》、《又續藏》，全藏成於清初，版藏双徑寂照庵，故名《徑山藏》，由嘉興楞嚴寺總司流通，故又名《嘉興藏》。〔註5〕《嘉興藏》大部份是由私人或寺廟捐刻的，有好幾本經在每卷後均題上捐刻人，刻字多少，該銀多少。如《大方廣佛華嚴經疏》，是由賀家兄弟所捐貲刻印，卷一末題：「丹陽居士賀懋瑩熹懋焯仰承先嚴賀學禮遺願施貲刻此。《大方廣佛華嚴經疏》卷第一，計字九千二百六十四個，該銀四兩六錢八分四釐，海虞弟子契慧，淨住沙彌契機同對，崇禎二年夏月徑山化城寺識。卷二至卷六十均有此題識。」總計卷一至卷六十，共字六十六萬八千二百七十個，寫刻共該銀三百三十四兩零一銀三分五釐。另有三十卷之《大方廣佛華嚴經隨疏演義鈔》，加上前面

〔註 2〕謝肇淛，《五雜爼》（臺北：新興書局，民國 60 年），頁 977。
〔註 3〕同上註。頁 741。
〔註 4〕葉德輝，《書林清話》（臺北：世界書局，民國 63 年）頁 185～186。
〔註 5〕中華大藏經會，《中華大藏經・首編》（臺北：中華大藏經會印行，民國 57 年）頁 179。

六十卷，共計九十八萬三千二百五十個字，寫刻共該銀四百九十一兩六錢二分五釐，平均每個字零點五釐。〔註6〕又如《呂諸佛世尊如來菩薩尊者神僧名經》，乃體邑商山居士吳祚等助刻，每卷末亦皆題上字多少，共該銀多少。此經共四十卷，計字三十萬七千一百三十九個，共該銀一百五十九兩三錢六分六厘，平均每個字亦爲零點五釐。〔註7〕此二部經均爲崇禎初年所刻，比之葉德輝所記，則工價相當也。葉氏認爲工價極廉，如果假設《羅先生文集》每本售價三錢正，則只以刻價之成本計（先不考慮紙張、墨等等之成本），需售出八十本方得回收成本，若售價一兩正，亦需售出二十四本。如果書價不算便宜，則工價更稱不上極廉了。

明代書籍除了以燕市、金陵、閶闔、臨安爲聚集地外，相信亦銷售到其他各行省。如《石林燕語》:「福建本幾徧天下。」〔註8〕，《朱子大全・嘉禾縣學藏書記》云:「建陽麻沙版本書籍行四方者，無遠不至。」〔註9〕這些都是書籍販售四方的明證。雖然我們無法知道其銷售遠方的情形，是爲直營，或有經銷商，但由下面這首棹歌知道建陽與建溪之間是經由跑單幫的估客來流通。歌云:「西江估客建陽來，不載蘭花與藥材，粧點溪山眞不俗，麻沙坊裏販書回。」〔註10〕除了國內的流通外，明代書籍輸往日本者甚多，尤其在萬曆中期以後，日本進入江戶時代（1603～1867），中日經濟文化交流有較大的發展。日本社會流傳的中國刻本與日本翻刻本漢文典籍，種類很多，數量亦大。根據日本現存的文獻統計，江戶時代從長崎港傳入的中國典籍共計七千八百九十三種。而當時中國的輸出港則爲南京、寧波等地。傳入日本的漢籍內容極爲廣泛，包括儒家的正經正史、文學藝術、字書課本、天文地理、人間故事雜著，無所不有，諸如《致富奇書》、《秘傳花鏡》、《婦人良方》，以及《萬寶全書》等，這些書顯而易見的都是書坊的出版品。〔註11〕

〔註6〕《大方廣佛華嚴經疏》，收在《中華大藏經》第八、九、十冊。
〔註7〕《呂諸佛世尊如來菩薩尊者神僧名經》，收在《中華大藏經》第十一、十二冊。
〔註8〕葉夢得，《石林燕語》，《叢書集成初編》，冊二七五四～二七五五，頁74。
〔註9〕葉長青，〈閩本考〉，《圖書館學季刊》，二卷一期，頁115～119。
〔註10〕同上註。
〔註11〕《中國古典文獻學》（臺北：木鐸出版社，民國72年），頁267～268。

第六章　明代書坊刻書一覽表

體例說明：

一、以下書坊刻書一覽表，書坊之順序，對照第二章之書坊序，先依地區分，再依筆畫順序排列。

二、書坊刻書多者，依類（經、史、子、集）分，並標出類目，刻書少者（十種以下）亦依類排列，但不標出類目，類下不再依筆畫順序排列，因書名甚多綴語。

三、書名之下直接標明出處，不再另註。

四、知其刻書年代者則標出，無年代者則只列書名。

五、有些書坊只知其坊名，未見所刻之書，則僅在第二章列出坊名。

第一節　北直隸

永順書堂

1. 《白兔記》（張氏一）
2. 《唐薛仁貴跨海征遼故事》（張氏一）
3. 《說唱石郎駙馬傳》（張氏一）
4. 《說唱包待制出身傳》（張氏一）
5. 《包龍圖斷烏盆傳》（張氏一）
6. 《斷曹國舅公案傳》（張氏一）
7. 《包龍圖斷白虎精集》（張氏一）

金臺汪諒

經　部

1. 《孝經注疏》（張氏一）
2. 《解注唐音》（張氏一）
3. 《韓詩外傳》
   嘉靖元年刊（張氏一）

史　部

1. 《史記集解索隱正義》一百三十卷
   嘉靖四年金臺書林汪諒刊（北京二冊四、中圖）

子　部

1. 《玉機微義》（張氏一）
2. 《武經直解》（張氏一）
3. 《新刊太音大全集》六卷（張氏一）
4. 《太古遺音大全》
   嘉靖元年汪諒刊（張氏一）
5. 《臞仙神奇秘譜》三卷
   嘉靖十六年北京書林汪諒刊（張氏一）
6. 《潛夫論》
   嘉靖元年刊（張氏一）

集　部

1. 《文選》六十卷
   嘉靖元年刊（張氏一）
2. 《重刻名賢叢話詩林廣記》
   嘉靖元年刊（張氏一）
3. 《詩對押韻》（張氏一）
4. 《集千家注分類杜工部詩》二十五卷、《文》二卷
   嘉靖元年刊（張氏一）
5. 《蘇詩注》（張氏一）

金臺岳世瞻文會書舍

1. 《新刊皇明政要》二十卷（張氏一）
2. 《奇妙全相注釋西廂記》
   金臺岳家弘治戊午季冬重印行（張氏一）

刑部街住陳氏

1. 《律條便覽直引》

京都壽元堂

1. 《晦庵先生朱文公文集》一百卷、《續集》十一卷、《別集》十卷、《目錄》二卷
正德六年（明版綜錄）

隆福寺

1. 《五音篇海集韻》（張氏一）
2. 《詞林摘艷》（張氏一）

鐵匠胡同葉舖

1. 《南北直隸十三省卅縣正佐首領全號宦林便覽》二卷
萬曆十二年新刊（張氏一）
2. 《眞楷大字全號縉紳便覽》一卷
萬曆十二年葉舖新刊（張氏一）

國子監前趙舖

1. 《澗谷精選陸放翁詩集前集》十卷、《須溪精選后》八卷、《別集》一卷
弘治丁巳十年國子監前趙舖刊（清話）

金臺魯氏

1. 《新編太平時賽駐雲飛》一卷
成化七年刊（中圖一三八三）
2. 《四季五更駐雲飛等四種》
成化間刊（中圖一三八三）
3. 《新編題西廂記詠十二月賽駐雲飛》一卷
成化七年刊（中圖一三八三）
4. 《新編寡婦烈女詩曲》一卷（中圖一三八三）

第二節　南直隸

人瑞堂

1. 《隋煬帝艷史》（張氏三）

三多齋

1. 《針灸大全》（張氏三）

2. 《銅人腧穴》（張氏三）

大盛堂

1. 《出像增補搜神記》（張氏三）

王近山

1. 《新刻月林丘先生家傳禮記摘訓》十卷
萬曆乙亥冬月金陵書坊王近山梓（普目三十）

王近川

1. 《孫月峯批點合刻九種全書》三十六卷

王世茂

1. 《四六明珠》八卷
明萬曆金陵書林王世茂刊（明版綜錄三卷十四）

王鳳翔光裕堂、光啟堂

1. 《精選分註當代公啓牘琅函》六卷（北京八冊四六）
2. 《唐陸宣公集》二十二卷
卷內題：「明繡谷肖川吳繼武校刊，版心下端鐫光裕堂」（普目四一五）
3. 《新刻臨川王介甫先生集》一百卷
萬曆壬子歲鐫，撫東上池王鳳池校刊，藏於金陵光裕堂。

文樞堂

1. 《萬世家鈔濟世良方》（張氏三）

李少渠

1. 《秘傳天祿閣寓言外史》八卷
萬曆書林李少渠刊（明版綜錄二卷三三）
2. 《瞿慕川先生四六狐白》十六卷
明萬曆書林李少渠刊（明版綜錄二卷三六）

李澄源

1. 《重刻增補燕居筆記》十卷
萬曆金陵書林李澄源刊（明版綜錄二卷三三）

李潮聚奎樓

經　部

1. 《羲經十一翼》五卷

明萬曆書林李潮刊（明版綜錄二卷三十）

2. 《詩經百家問答》不分卷

明萬曆書林李潮刊（明版綜錄二卷三十）

史　部

1. 《新刻明政統宗》三十卷、〈附〉一卷

萬曆間李潮刊（北京二冊十九）

2. 《雪庵清史》五卷

萬曆間刊（北京四冊六二）

3. 《皇明百家答問》十五卷（明版綜錄二卷三十）

4. 《李卓吾彙選註釋萬形實考》六卷（國會七三六）

子　部

1. 《秘傳天祿閣寓言外史》八卷（北京二冊十九）

2. 《新刻劉雪嶠太史摘纂然故事》不分卷

萬曆間刊（明版綜錄二卷三十）

3. 《新刻王氏青箱》餘十卷（中圖六七二）

集　部

1. 《新鍥明詩十二家類鈔》八卷

萬曆三九年刊（明版綜錄二卷三十）

2. 《小窗清箋》四卷（明版綜錄二卷三十）

3. 《新鐫十六翰林擬纂酉戌科場急出題旨棘圍丹篆》不分卷

明萬曆間刊（明版綜錄二卷三十）

4. 《車書樓校刻四六詞壇》六卷（明版綜錄二卷三十）

兩衡堂

1. 《粲花齋新樂府四種》八卷（中圖一三九二）

余尚勳

1. 《論目統編》八卷

萬曆間刊（中圖六四四）

余遇時

1. 《精選古今四六會編》四卷

崇禎間金陵書林余遇時刊（明版綜錄二卷五十）

長春堂

1. 《新鐫女貞觀重會玉簪記》二卷
   萬曆間刊（明版綜錄三卷九）

吳小山

1. 《字字珠新集》六卷
   明泰昌六年金陵書林吳小山刊（明版綜錄二卷四二）

吳　諫

1. 《劉河間傷寒三書》二十卷
   萬曆乙酉歲夏月穀旦金陵三山街左川吳諫重刊
2. 《黃帝素問宣明論方》十七卷
   萬曆十三年金陵書林吳諫刊（明版綜錄二卷三八）

吳繼宗懷川堂

1. 《注釋六子要語》六卷
   萬曆六年吳繼宗懷川堂刊（明版綜錄二卷四六）
2. 《劉河間傷寒三書》二十卷
   萬曆八年（明版綜錄二卷四六）
3. 《文浦玄珠》六卷（普目五三○）

周曰校萬卷樓附仁壽堂

經　部

1. 《新鐫刪補易經直解》十二卷
   萬曆四十三年刊（普目八）
2. 《左傳鈔評》十二卷
   萬曆十三年刊（普目三九）

史　部

1. 《昭代典則》二十八卷
   萬曆庚子萬卷樓刊（中圖一五四）
2. 《漢雋》十卷（國會二八一）
3. 《新鐫翰林考正歷朝故事統宗》十卷
   萬曆乙未季冬吉萬卷樓刊（國會七二五）
4. 《玉堂鼇正龍頭字林備考韻海全書》十六卷、《卷首》一卷
   萬曆二十六年周曰校刊（普目七七）

子　部

1. 《性理要刪》六卷
   明萬曆金陵周曰校刊（明版綜錄三卷十九）
2. 《重廣補注黃帝內經素問》二十四卷
   萬曆甲申夏月周氏對峯刊（國會四九二）
3. 《保赤全書》二卷（國會五一九）
   原題：「金陵周曰校刊」，封面題「大業堂梓行」
4. 《新鍥雲林神彀》四卷（國會五二〇）
5. 《東垣十書十二種》二十二卷
   萬曆十一年金陵周曰校萬卷樓（明版綜錄三卷十八）
6. 《原始秘書》（明版綜錄三卷十八）
7. 《新刻萬病回春》八卷
   明萬曆二五年刊（明版綜錄三卷十八）
8. 《黃帝內經素問二四卷黃帝內經靈樞》二十四卷
   明萬曆間刊（明版綜錄三卷十八）
9. 《魯府禁方》四卷
   明萬曆間刊（明版綜錄三卷十九）
10. 《卓氏藻林》八卷
    萬曆癸未夏月周對峯刊（國會七二九）
11. 《本草蒙荃》十二卷
    崇禎元年刊（明版綜錄三卷十八）
12. 《京產新鍥公餘勝覽國色天香》十卷（孫目）
13. 《新纂事林類奇》三十卷
    繡谷周曰校應賢父勒（普目三四五）
14. 《新刊校正古本大字音釋三國志通俗演義》十二卷二百四十則
    萬曆辛卯周曰校刊，版心下題仁壽堂刊（孫目）
15. 《全像海剛峯居官公案傳》四卷
    萬曆丙午萬卷樓刊煥文堂重校刊（中圖六七八）
16. 《新刊大宋中興通俗演義》八卷附會纂宋岳鄂武穆王精忠錄後集
    萬曆間周曰校刊（孫目）
17. 《新編掃魅敦倫東度記》二十卷一百回（一名續證道書東遊記）（孫目）
18. 《新鐫全像包孝肅公百家公案演義》六卷
    明萬曆間刊（明版綜錄三卷十八）

19. 《瓦釜漫記》四卷（中圖五九〇）
20. 《新刻舉業卮言》五卷
萬曆二七年周曰校刊（明版綜錄三卷十八）
21. 《道古錄》二卷（明版綜錄三卷十八）
22. 《新刊舉業利用六子拔奇》六卷（明版綜錄三卷十九）
23. 《玉堂椽筆錄》十四卷（明版綜錄三卷十九）
24. 《焦氏易林》二卷
萬曆二十一年刊（北京四冊三七）

集　部

1. 《增定國朝館課經世宏辭》十五卷
萬曆庚寅孟夏刊（中圖一三四二）
2. 《皇明館課經世宏辭續集》十五卷
萬曆二十一年刊（普目五二七）
3. 《新編簪纓必用翰苑新書》前十二卷、《後集》七卷、《續集》八卷、《別集》二卷
萬曆十九年周曰校仁壽堂刊（明版綜錄三卷十八）
4. 《新刻沈相國續選百家舉業奇珍》四卷
明萬曆間刊（明版綜錄三卷十九）

周如泉萬卷樓

1. 《新鐫五福萬壽丹書》六卷（國會五六〇）
2. 《圖像本草蒙荃》十二卷、《卷首》一卷（國會五五九）

周近泉大有堂

1. 《御製大明律例招擬折獄指南》十八卷
萬曆十三年金陵書坊周近泉梓（張氏三）
2. 《新鐫全像評釋古今清談萬選》四卷
萬曆八年刊（國會七七四）
3. 《歷朝尺牘大全》十四卷
萬曆辛亥大有堂周近泉刊（中圖一三四六）

周竹潭喜賓樓

1. 《春秋左傳釋義評苑》二十卷
萬曆十八年周竹潭刊（明版綜錄六卷九）

2. 《大明律例注釋祥刑冰鑑》三十卷
萬曆二七年周竹潭嘉賓樓刊（明版綜錄六卷九）
3. 《古今玄屑》八卷
萬曆二十年周竹潭嘉賓樓刊（明版綜錄六卷九）
4. 《新刻乙未科翰林館課東觀弘文》十卷
萬曆二十五年金陵周竹潭刊（明版綜錄六卷九）
5. 《皇明百家文選》十七卷
萬曆十三年周竹潭刊（明版綜錄三卷二十）
6. 《諸子品節》五十卷
萬曆十八年周竹潭刊（明版綜錄三卷二十）
7. 《皇明翰閣文宗》十卷（國會一一〇三）

周希旦大業堂

1. 《重刻西漢通俗演義》八卷一百零一則
書題：「繡谷後學敬弦周世用訂訛，金陵書林敬素周希旦校」
2. 《重刻京本增評東漢十二帝通俗演義》十卷一百四十六則（孫目）
3. 《東西晉演義西晉》四卷、《東晉》八卷
萬曆四四年周氏大業堂刊（孫目四五）
4. 《山海經釋義》十八卷
萬曆間大業堂刊本
5. 《新刊出像補參來史鑑唐書志傳通俗演義》（張氏三）
6. 《李卓吾先生批評西遊記一百回》不分卷（孫自一九〇）

周譽吾得月齋

1. 《車書樓纂註四六逢源》六卷（普目五五四）

周時泰博古堂

1. 《皇明大政紀》二十五卷
萬曆壬寅博古堂周時泰刊（國會一一六）
2. 《新刻校正古本歷史大方通鑑》二十卷首一卷
卷首題：「太學繡谷敬竹周時泰刊行。扉頁題；梅墅石渠閣藏板。」
3. 《新刻蒐集群書紀載大千生鑑》六卷
周時泰博古堂、車書樓合刻（北京五冊十五）
4. 《世說新語》三卷

萬曆己酉周氏博古堂刊（中圖六五〇）

5. 《穀城山館詩集》二十卷、《文集》四十二卷
萬曆丁未周時泰南京刊（中圖一〇九七）
6. 《鄒南皋集選》七卷（中圖一一〇八）
萬曆丁未余懋衡刊，石城周氏博古堂刊本
7. 《莊學士集》八卷（國會九六〇）
8. 《新刊邵翰林評選舉業捷學宇宙文芒》十二卷
萬曆二七年羊城書林周時泰刊（明版綜錄五卷十三）
9. 《元曲選一百種》一百卷
明萬曆四三年周時泰刊（明版綜錄五卷十三）

周前山

1. 《古今詩韻釋義》五卷（普目七六）

周氏懷德堂

1. 《集氏說楛》七卷（明版綜錄七卷二三）
萬曆四一年南京周氏書林懷德堂刊
2. 《牡丹亭還魂記》二卷
萬曆二六年懷德堂刊（明版綜錄七卷二三）

胡正言十竹齋

1. 《六書正譌》五卷、《說文字原》一卷（中圖七七）
2. 《東坡先生譚史廣》四卷、《南宮先生譚史廣》二卷
3. 《牌統孚玉》四卷（北京四冊四六）
4. 《四六霞肆》十六卷（中圖六四六）
5. 《十竹齋畫譜》
6. 《十竹齋箋譜》
7. 《詩譚》十卷、《續錄》一卷（中圖一三五七）
8. 《精選古今詩餘醉》十五卷（中圖一三六九）

唐富春富春堂

經　部

1. 《禮記集記》十卷
萬曆二五年富春堂刊（北京一冊十八）

史　部

1. 《新刊合併官常政要全書》五十一卷
崇禎十一年富春堂刊（明版綜錄五卷三）
2. 《新鐫增補全像評林古今列女傳》八卷
萬曆十五年富春堂刊（明版綜錄五卷四）
3. 《新刻注釋氏族對聯名家記》四卷
萬曆二一年富春堂刊（明版綜錄五卷四）

子　部

1. 《幼科捷徑全書》四卷
萬曆間富春堂刊（明版綜錄五卷四）
2. 《王叔和脉訣》二卷
嘉靖四十四年富春堂刊（明版綜錄五卷三）
3. 《婦人良方》二十四卷（中圖四八七）
4. 《武經總要前集》二十二卷、《後集》二十一卷、《百戰奇法》二卷、《行軍須知》二卷
嘉靖間富春堂刊（明版綜錄五卷三）
5. 《新編古今事文類聚》二百三十六卷（普目三一八）
萬曆甲辰春之吉金谿唐富春精校補遺重刊
6. 《新刻音釋啓蒙總龜對類大全》八卷
萬曆三六年（明版綜錄五卷三）
7. 《新刊正文對音捷要琴譜眞傳》六卷（中圖五四五）
8. 《重修正文對音捷要眞傳琴譜大全》十卷
萬曆十三年富春堂刊（明版綜錄五卷三）

集　部

1. 《雲龍翰簡大成》六卷、《稱呼》二卷
萬曆七年富春堂刊（明版綜錄五卷三）
2. 《皇明館課標奇》二十一卷（明版綜錄五卷四）
3. 《新刊古今名賢品彙註釋玉堂詩選》八卷
萬曆己卯孟冬之吉金陵三山富春堂梓（中圖一一八五）
4. 《新刊三方家兒注點板校正諸文品粹魁華》不分卷
萬曆四七年刊（明版綜錄五卷三）
5. 《新刻出像音註商輅三元記》二卷（中圖一三九〇）
6. 《新刊音註出像韓朋十義記》二卷（中圖一三九三）

7. 《新刊音註出像齋世子灌園記》二卷（中圖一三九一）
8. 《新刊出像音註勸善目蓮救母行孝戲文》六卷（張目）
9. 《新刻出像音註劉漢卿白蛇記》二卷
   卷首題：「金陵三山富春堂梓」，扉頁題：「金陵唐錦池梓行」。（張目）
10. 《新刻出像音註五代劉智遠白兔記》二卷
   卷內題：「金陵書梓唐對溪梓」（國會一一三一）
11. 《張巡許遠双忠記》
   萬曆間富春堂唐氏梓（傅目一〇四）
12. 《琴心記》四卷
   萬曆間金陵富春堂刊（傅目一〇二）
13. 《虎符記》二卷
   萬曆間金陵富春堂刊（傅目一〇一）
14. 《祝慶記》（傅目九九）
15. 《躍鯉記》四卷（傅目九七）
16. 《玉釵記》四卷（傅目九六）
17. 《南西廂記》二卷（傅目）
18. 《三顧草廬記》（傅目一〇五）
19. 《岳飛破虜東窗記》（傅目九四）
20. 《范睢綈袍記》四卷（傅目九五）
21. 《金紹記》四卷（傅目九三）
22. 《新鐫圖像音註周詡教子尋親記》四卷（北京八冊八五）
23. 《管鮑分金記》（張氏三）
24. 《呂蒙正破窰記》（張氏三）
25. 《新刊出像音註花欄韓信千金記》（張氏三）
26. 《王昭君出塞和戎記》（張氏三）
27. 《觀世音修行香山記》（張氏三）
28. 《新刊出像增補搜神記》六卷
   萬曆元年富春堂刊（明版圖錄五卷三）
29. 《新刻出像音註韓湘子九度文公昇仙記》二卷三十六齣
   萬曆間富春堂刊（明版圖錄五卷三）
30. 《新刻出像音注唐韋皋玉環記三十四齣》
   萬曆間富春堂刊（明版圖錄五卷三）

31. 《新刻出像點板音注十郎紫簫記》四卷
萬曆間富春堂刊（明版圖錄五卷三）
32. 《新刻出像音注蘇音皇后鸚鵡記》二卷
萬曆間富春堂刊（明版圖錄五卷四）
33. 《新刻牡丹還魂記》四卷
明崇禎間富春堂刊（明版圖錄五卷四）

唐氏世德堂

史　部

1. 《通鑑纂要抄狐白》六卷、〈卷首〉一卷
萬曆壬子仲夏月唐氏世德堂重梓（普目一一六）
2. 《鼎鍥葉太史彙纂玉堂綱鑑》七十二卷（普目一三〇）
卷四題：「建陽種德堂精校，金陵世德堂繡梓」
3. 《皇明典故紀聞》十八卷
萬曆二九年「世德堂刊」（明版綜錄一卷三九）

子　部

1. 《南華眞經旁註》五卷（普目三九三）
2. 《新刻耳談》五卷（中圖六七三）
3. 《耳譚類增》五十四卷（明版綜錄一卷三九）
4. 《繡谷春容》十二卷
「建業大中世德堂」主人校（國會七六三）
5. 《新刊出像補訂參采史鑑南宋志傳通俗演義題評八十九節》（孫目）
6. 《新刻出像官板大字西遊記》二十卷（中圖六七七）
7. 《新鍥正譌訓解標題書言故事大全》十卷
萬曆丙午「世德堂刊」（裘考）

集　部

1. 《歷朝翰墨選註》十四卷
萬曆丙申「金陵唐氏世德堂」梓（中圖一三四七）
2. 《新刻重訂出相附釋標註裴度香山還帶記》（中圖一三八九）
3. 《月亭記》（即拜月亭、幽閨記二卷）
萬曆間「世德堂刊」（傅目一一五）
4. 《驚鴻記》二卷（傅目一二一）
5. 《節孝記》二卷（傅目一二三）

6. 《趙氏孤兒記》二卷（張氏三）
7. 《双鳳齊鳴記》二卷（明版綜錄一卷三九）
8. 《荆釵記》（張氏三）
9. 《五倫全備忠孝記》四卷（張氏三）
10. 《玉合記》二卷（明版綜錄一卷三九）
11. 《新刊重訂出相附釋標注香囊記》四卷四十二齣
    萬曆間唐氏「世德堂刊」（明版綜錄一卷三九）
12. 《新刻出像音注增補劉智遠白兔記》二卷
    萬曆間富春堂刊（明版綜錄一卷三九）

唐國達廣慶堂（字振吾）

經　部

1. 《禮記手說》十二卷
   崇禎四年唐振吾刊（明版綜錄六卷二）
2. 《新刻新名家纂易經講義千百年眼》十六卷
   萬曆間唐振吾廣慶堂刊（明版綜錄六卷二）
3. 《新刻徐立扈先生纂輯毛詩六帖講義》四卷
   萬曆四五年唐振吾刊（明版綜錄六卷二）

子　部

1. 《劉伯溫萬化仙禽》三卷（中圖五二二）

集　部

1. 《新刻壬戌科翰林館課》六卷
   金陵振吾廣國達督梓（普目五七四）
2. 《新刻癸丑科翰林館課》四卷（中圖一三四二）
3. 《歷代古文舉業標準評林》八卷（普目五三五）
4. 《新刻張太岳先生集》四十七卷（國會九七二）
5. 《緱山先生集》二十七卷
   萬曆丙辰書林唐振吾刊（中圖一一二四）
6. 《珂雪齋近集》十卷（中圖一一三一）
7. 《王文肅公文集》五十五卷（明版綜錄六卷二）
8. 《唐荆川文集》（明版綜錄六卷二）
9. 《新刻劉直州先生文集》十卷（明版綜錄六卷二）
10. 《新刻出相點板紅梅記》二卷（中圖一三八九）

11. 《新編全相點板西廂記》二卷（北京八冊八九）
12. 《新編全相點板竇禹鈞全德記》二卷（北京八冊八七）
13. 《新刻出相音釋點板東方朔偷桃記》二卷（北京八冊八七）
14. 《新刻出相點板八義双盃記》一卷（北京八冊八九）
15. 《新刻出像葵花記》二卷（北京八冊八九）
16. 《七勝記》（傳目一四二）
17. 《新編出像霞箋記》二卷（明版綜錄六卷二）

唐錦池「文林閣」（集賢堂）

史　部

1. 《劉向古列女傳七卷續》一卷
萬曆三四年「文林閣」唐錦池刻本（北京二冊四三）

子　部

1. 《魁本袖珍方大全》四卷
唐錦池集賢堂（北京四冊二六）
2. 《新鐫徐氏家藏羅經頂門針》二卷
集賢堂唐錦池梓（北京四冊三七）
3. 《琴譜合璧》三卷（國會六〇〇）

集　部

1. 《校正重刻官板宋朝文鑑》一百五十卷、〈目錄〉三卷（普目四九七）
2. 《新刻全像包龍圖公案袁文正還魂記》一卷（國會一一三）
3. 《新刻五鬧蕉帕記》二卷（中圖一三八九）
4. 《易鞋記》二卷（傳目一五六）
5. 《胭脂記》二卷（傳目一六〇）
6. 《古城記》二卷（傳目一六六）
7. 《四美記》二卷（傳目一七〇）
8. 《袁文正還魂記》（張氏三）

唐惠疇「文林閣」

1. 《漢劉秀雲臺記》（張氏三）

唐廷仁

1. 《春秋集注》三十卷
萬曆元年刊（明版綜錄四卷七）

2. 《史漢合編題評》八十八卷、〈附錄〉四卷
   萬曆丙戌刊（普目一六七）
3. 《性理集要》八卷
   萬曆四年刊（明版綜錄四卷七）
4. 《新刻武學經史大成》十八卷（明版綜錄四卷七）
5. 《新編簪纓必用翰苑新書》二十九卷（普目三二三）
   扉頁題:「萬曆辛卯冬月金陵周對峯刊」。總目後題:「金陵書肆龍泉唐廷仁，對峯周日校鐫行」，版心下端鐫:「仁壽堂刊」。
6. 《金陵新刻吳文臺警諭》四卷
   萬曆元年春月金陵唐龍泉梓（普目二九三）
7. 《海篇心境》二十卷（國會六八）
8. 《國朝名公翰藻超奇》十四卷
   開卷題:「繡谷後學唐廷仁校梓」，卷十以後又題:「繡谷後學唐廷仁、金陵對峯周日校梓」（普目五四七）

唐廷揚

1. 《雲林醫聖增補醫鑒回春》八卷
   崇禎間金陵書坊唐廷揚刊（明版綜錄四卷七）
2. 《地理天機會元刪補》三十五卷
   崇禎間唐廷揚刊（明版綜錄四卷七）

唐廷瑞

1. 《古文百段錦》五卷
   明嘉靖金陵書林唐廷瑞刊（明版綜錄三卷十三）

唐晟、唐昶

1. 《新刻夷堅志》十卷
   明萬曆書林唐晟刻（北京五冊四）
2. 《耳談類增》五十四卷
   繡谷唐晟伯成、唐昶叔永梓（中圖六七三）
3. 《指南錄四卷指南後錄》四卷
   萬曆十四年唐晟刻（明版綜錄四卷七）
4. 《新刻重訂出像附釋琵琶記》四卷（中圖一三八八）

唐溟洲

1. 《新鍥鄭孩如生生精選史記旁訓句解》八卷（普目九三）

唐玉予

1. 《正續名世文宗》十六卷（國會一〇八七）

唐貞予

1. 《新鐫五福萬壽丹書》六卷（明版綜錄四卷七）
明天啓金陵書林唐貞予、周如泉刊

唐謙（字益軒）

1. 《新刻重校增廣圓機活全書》二十四卷
萬曆二六年唐謙刊（明版綜錄四卷六）
2. 《麻衣先生人相編》十卷
萬曆丁亥金陵唐益軒刊（中圖五二二）
3. 《新刊宋國師吳景鸞秘傳夾竹梅花院纂》三卷
萬曆二六年刊（明版綜錄四卷六）
4. 《新編評註通玄先生張果星宗大全》十卷
萬曆二十二年唐謙刊（明版綜錄四卷六）

唐鯉躍集賢堂

1. 《丹溪心法》（張氏三）
2. 《淵海子平》五卷
崇禎七年唐鯉躍集賢堂刊（明版綜錄四卷七）
3. 《李卓吾批點世說新語補》二十卷（明版綜錄四卷七）
4. 《新鐫徐氏家藏羅經頂門針》二卷、〈鄙言〉一卷
萬曆間唐鯉躍集賢堂刊（明版綜錄四卷七）

唐鯉飛履素居

1. 《雷公炮制藥性解》（張氏三）
2. 《幼集》四卷
明萬曆三十一年唐鯉飛履素居刊（明版綜錄）
3. 《箋釋梅亭先生四六標準》四十卷
萬曆四四年唐鯉飛刊（明版綜錄四卷七）

唐少橋汝顯堂

1. 《元亨療馬集》四卷
明萬曆唐少橋汝顯堂刊（明版綜錄四卷七）

2. 《類編傷寒活人書括指掌圖論》九卷、《續》一卷、《提綱》一卷
萬曆十七年唐少橋刊（明版綜錄四卷七）

唐少村興賢書舖

1. 《大字傷寒指掌圖》
2. 《楚辭集解不分卷蒙引》一卷、《考異》一卷
萬曆四六年唐少村興賢書舖刊（明版綜錄七卷七）

唐金魁

1. 《鼎鍥微池雅調南北宮腔樂府點板曲響大明春》六卷
萬曆書林唐金魁刊（明版綜錄四卷七）

唐翀宇

1. 《新刊通鑑綱目》五十九卷、《前編》二十五卷、《續編》二十七卷（明版綜錄四卷七）

唐際雲積秀堂

1. 《性理大全》七十卷
萬曆二五年唐際雲積秀堂刊（明版綜錄七卷七）
2. 《道書全金》八十二卷
萬曆十九年唐際雲積秀堂刊（明版綜錄七卷七）
3. 《明詩歸》十三卷
崇禎間積秀堂刊（明版綜錄七卷七）

兼善堂

1. 《警世通言》

荊山書林

1. 《格古要論》三卷（中圖五四九）
2. 《異域志》二卷（北京三冊二七）
3. 《夷門廣牘存》一百六卷（中圖一六六四）

徐東山、徐龍山

1. 《尺牘清裁》五十六卷（明版綜錄四卷二一）
萬曆二年金陵書林徐龍山、徐東山刊

徐廷器東山堂

1. 《新刊郝鹿野精選論學指南》八卷

隆慶六年徐廷器東山堂刊（明版綜錄四卷二三）

2. 《空同先生集》六十三卷（明版綜錄四卷二三）

許孟仁

1. 《袖珍方》四卷

弘治間金陵書林許孟仁刊（明版綜錄四卷三四）

陳邦泰繼志齋、聚文堂（字大來）

經　部

1. 《易因》二卷（明版綜錄四卷七四）

萬曆間刊

史　部

1. 《月令廣義》二四卷、《卷首》一卷、《附錄》一卷（中圖二五五）

子　部

1. 《李卓吾先生遺書》二卷

萬曆四六年金陵書林陳大來刊（明版綜錄八卷四）

集　部

1. 《坡仙集》十六卷（明版綜錄八卷四）

萬曆二八年刊（明版綜錄八卷四）

2. 《李卓吾先生明詩選》二卷（明版綜錄八卷四）

3. 《新鐫古今大雅北宮詞記》六卷（明版綜錄八卷四）

4. 《重校五倫傳香囊記》二卷（中圖）

扉頁題：「鐫出像點板古本香囊記繼志齋原板」

5. 《量江記》二卷

萬曆三六年刊（傳目二二七）

6. 《錦箋記》二卷

萬曆三六年（傳目）

7. 《夢境記》二卷（傳目二二二）

8. 《題紅記》二卷（傳目二一八）

9. 《紅渠記》二卷（傳目二一二）

10. 《双魚記》二卷（傳目二一〇）

11. 《紅拂記》二卷

萬曆二九年刊（傳目二〇二）

12. 《千金記》二卷（傅目）
13. 《玉簪記》二卷
    萬曆二七年刊（傅目二〇〇）
14. 《旗亭記》二卷
    萬曆三一年刊（傅目一九八）
15. 《折桂記》（張氏三）
16. 《埋劍記》二卷（明版綜錄八卷三）
17. 《義俠記》二卷
    萬曆四十年陳大來繼志齋刊（明版綜錄八卷三）
18. 《黃粱夢記》（張氏三）
19. 《元明雜劇四種》（明版綜錄八卷三）
20. 《新刊河間長君校本琵琶記》二卷
    萬曆三六年刊（明版綜錄八卷三）
21. 《重校孝義祝髮記》二卷（明版綜錄八卷三）
22. 《重校北西廂記》五卷
    萬曆二六年刊（明版綜錄八卷三）
23. 《重校古荊釵記》二卷（明版綜錄八卷三）
24. 《新刊出像音釋點板東方朔偷桃記》二卷（明版綜錄八卷三）

黃從誠

1. 《新序旁註評林》十卷（國會四四七）

曾汝魯車書樓

1. 《古今萬壽全書》（一名：新刻蒐集群書紀載大千生生鑑）
   啓禎間金陵車書樓刊（裘考）
2. 《車書樓彙輯各名公四六爭奇》
3. 《車書樓纂註四六逢源》（見周譽吾項）
4. 《蘭嵎朱伯彙選當代名公鴻筆百壽類函釋註》八卷（北京八冊四五）

童子山

1. 《醫聖階梯》十卷
   萬曆金陵書林童子山刊（明版綜錄五卷五）

舒一泉

1. 《新刊地理紫囊書》六卷（普目二六四）

2. 《清睡閣快書十種》十五卷（國會六七六）
3. 《堯山堂外記》一百卷（北京七冊七五）

舒石泉集賢書舍

1. 《唐詩選》七卷、《附錄》一卷（普目五一六）

傅夢龍

1. 《百子金丹》十卷（明版綜錄五卷二八）
2. 《車書樓彙輯皇明四六叢珠內閣官制事宜》一卷
   萬曆四八年金陵書林傅夢龍刊（明版綜錄五卷二八）

趙君耀

1. 《胎產須知》二卷
   嘉靖乙未金陵書坊趙君耀刊（中圖四七八）

雷　鳴

1. 《濟生產寶論方》二卷
   明嘉靖雷鳴金陵書林刊（明版綜錄五卷四五）

楊明峯

1. 《新鍥龍興名世錄皇明開運武傳》八卷
   萬曆十九年書林楊明峯刊（明版綜錄五卷四四）

聚錦堂

1. 《嬰童百問》十卷
   嘉靖十八年金陵書林聚錦堂刊（明版綜錄六卷四）
2. 《外科啓玄》十二卷
   萬曆三十年聚錦堂刊（明版綜錄六卷四）
3. 《醫學準繩六要》二十卷
   明崇禎十七年刊（明版綜錄六卷四）
4. 《本草選》六卷
   崇禎十七年刊（明版綜錄六卷四）
5. 《本草發揮》四卷（明版綜錄六卷四）
6. 《楊升庵先生批點文心雕龍》十卷
   明天啓二年聚錦堂刊（明版綜錄六卷四）

榮壽堂

1. 《西遊記》（張氏三）

蔣時機

1. 《岳石帆先生鑑定四六宙函》三十卷
   明天啓六年書林蔣時機刊（明版綜錄六卷二五）

劉氏懷德堂

1. 《標題事義明解十九史略十大》全卷
   嘉靖二十三年金陵書林懷德堂刊（明版綜錄七卷二三）
2. 《地理大全二十三種》一百一十二卷
   崇禎九年金陵書林懷德堂刊（明版綜錄七卷二三）
3. 《四六爭奇》八卷
   明天啓劉氏懷德堂刊（明版綜錄七卷二三）

德聚堂

1. 《小青娘風浪院》二卷、《小青傳》一卷（北京八冊八八）
2. 《小青焚餘》一卷（北京八冊八八）

葉如春

1. 《賦海補遺》二十卷
   金陵書林葉如春刊（中圖一一九一）
2. 《螺冠子詠物詩》二十六卷、《茶歌》一卷、《酒詠》一卷

葉貴近山堂（北京七冊四六）

經　部

1. 《新刻四書人物注》四十卷（明版綜錄五卷三三）

史　部

1. 《國朝人物考》六卷、《附十二考》一卷
   萬曆二十三年書林葉貴刊（明版綜錄五卷三三）

子　部

1. 《吳梅坡醫經會元保命奇方》十卷
   萬曆十八年葉貴刊（明版綜錄五卷三三）
2. 《新刊名儒舉分類法釋百子粹言》六卷（明版綜錄五卷三三）
3. 《卜居秘體圖解》三卷、《新增》三卷
   萬曆三十二年葉貴刊（明版綜錄五卷三三）
4. 《淮南鴻烈解》二十八卷
   萬曆九年金陵葉貴刊（明版綜錄五卷三三）

5. 《新刊漢諸葛武侯演禽書》十二卷（明版綜錄五卷三三）
6. 《象教皮編》六卷
   萬曆間葉貴刊（明版綜錄五卷三三）
7. 《群書考索古今事文玉屑》二四卷（明版綜錄五卷三三）

集　部

1. 《唐荊川先生文集》十二卷、《續》六卷
   明嘉靖二年金陵書林葉貴刊（明版綜錄五卷三三）

鄭思鳴奎璧堂

1. 《忠經孝經小學》十卷
   牌記：「莆陽鄭氏再訂，金陵奎璧齋梓」（清話）
2. 《新鍥官板批評虞精集》八卷（中圖五六五）
3. 《急覽類編》十卷（中圖六四五）
4. 《鼎鐫諸方家彙編皇明名公文雋》八卷（普目五四〇）

蔡浚溪

1. 《纂丘瓊山先生大學衍義補英華》十八卷
   萬曆三年金陵書林蔡浚溪刊（明版綜錄六卷二三）

積德堂

1. 《新編金童玉女嬌紅記》二卷
   明宣德十一年金陵書林稽德堂刊（明版綜錄七卷七）

戴尚賓

1. 《新刊許海嶽精選三蘇文粹》四卷
   嘉靖四四年金陵書坊戴尚賓刊（中圖一三三四）
2. 《新刊許海嶽精選秦漢文粹》六卷
   隆慶四年戴尚賓刊（明版綜錄七卷十八）

翼聖堂

1. 《琴譜大全》十卷
   萬曆十三年金陵書林翼聖堂刊（明版綜錄七卷十六）

龐雲衢

1. 《譚友夏先生評訂秀野軒集》十二卷、《巖棲集》七卷、《同波集》五卷
   明萬曆書林龐雲衢刊（明版綜錄七卷二二）

饒仁卿

1. 《新刊晦軒林先生類纂古今名家史綱疑辯》四卷
   萬曆金陵書林饒仁卿（明版綜錄八卷八）

龔邦錄

1. 《古今經世格要》二八卷
   萬曆書林龔邦錄刊（明版綜錄八卷九）
2. 《精選古今四六會編》四卷、《卷首》一卷
   隆慶戊辰孟夏金陵書坊龍岡龔邦錄梓（普目五一三）

蘇州書坊刻書

白玉堂

1. 《新刻劍嘯閣批評西漢演義傳》八卷
   明崇禎吳縣書林白玉堂刊（明版綜錄一卷四五）
2. 《新刻劍嘯閣東漢演義》十卷
   明崇禎間刻（明版綜錄一卷四五）

同人堂

1. 《石點頭》十四卷
   明天啓吳縣書林同人堂刊（明版綜錄二卷十）

世裕堂

1. 《說文解字》十二卷
   天啓七年世裕堂梓（明版綜錄一卷三八）
2. 《重刊許氏說文解字五音韻譜》十二卷
   天啓七年世裕堂重梓（普目六五）
3. 《彙苑詳註》三十六卷（普目三四〇）
4. 《漢魏百家集》一百卷
   明天啓世裕堂刊（明版綜錄一卷三八）
5. 《海瓊白玉蟾先生文集》六卷、《續集》二卷
   明天啓吳縣書林世裕堂刊（明版綜錄一卷三八）

酉酉堂

1. 《奇賞齋廣文苑英華》二十六卷（明版綜錄二卷二九）
   明天啓四年蘇州書林陳龍山酉酉堂刊
2. 《續古文奇賞》二十六卷

天啓四年蘇州陳龍山酉酉堂刊（明版綜錄二卷二九）

3. 《三續古文奇賞》二十六卷

天啓四年陳龍山酉酉堂刊（明版綜錄二卷二九）

4. 《四續古文奇賞》二十六卷

天啓五年陳龍山酉酉堂刊（明版綜錄二卷二九）

5. 《明文奇賞》四十卷

明天啓間刊（明版綜錄二卷二九）

吳門書林

1. 《食物本草》二十二卷

明崇禎十一年吳門書林刊（明版綜錄二卷四六）

長春閣

1. 《新鐫批評繡像列孟演義》六卷

明崇禎吳郡書林長春閣刊（明版綜錄三卷九）

金閶書林

1. 《梅花渡異林》十卷

明崇禎金閶書林刊（明版綜錄三卷十三）

映雪草堂

1. 《水滸全傳》三十卷（孫目）

段君定

1. 《研珠集五經總類》二十二卷

崇禎間吳門書林段君定刊（明版綜錄三卷三八）

2. 《琴張子螢芝集》六卷、《評琴張子禪栗秣》二卷

天啓五年段君定刊（明版綜錄三卷三八）

3. 《宋文鑑刪》十二卷、《元文鑑刪》四卷

明崇禎間段君定刊（明版綜錄三卷三八）

衍慶堂

1. 《警世通言》四十卷

天啓書林吳縣衍慶堂刊（明版綜錄三卷三九）

2. 《醒世恒言》四十卷

天啓七年吳縣書林衍慶堂刊（明版綜錄三卷三九）

3. 《喻世名言》二十四卷

天啓間吳縣書林衍慶堂刊（明版綜錄三卷三九）

兼善堂

1. 《古文備體奇鈔》十二卷
   崇禎十五年吳縣書林兼善堂刊（明版綜錄四卷八）
2. 《警世通言》四十卷
   崇禎吳縣書林兼善堂刊（明版綜錄四卷八）

敦古齋

1. 《醫學入門》七卷
   萬曆四年古吳書林敦古齋刊（明版綜錄五卷五）
2. 《群書典彙》十四卷
   崇禎古吳書林敦古齋刊（明版綜錄五卷五）

清繪齋

1. 《古今扇譜》不分卷
   萬曆古吳書林清繪齋刊（明版綜錄四卷三一）
2. 《唐詩畫譜》不分卷
   萬曆古吳書林清繪齋刊（明版綜錄四卷三一）
3. 《古今畫譜》不分卷
   萬曆古吳書林清繪齋刊（明版綜錄四卷三一）

陳長卿存誠堂

1. 《歷朝捷錄大全》四卷
   萬曆間書林陳長卿刊（明版綜錄四卷七三）
2. 《劉氏鴻書》一百零八卷
   萬曆三九年陳長卿刊（明版綜錄四卷七三）
3. 《古今醫統大全》一百卷
   嘉靖三六年古吳書林陳長卿存誠堂（明版綜錄四卷七三）
4. 《婦人良方》二十四卷
   萬曆古吳書林陳長卿刊（明版綜錄四卷七三）
5. 《箋釋梅亭先生四六標準》四十卷
   萬曆二五年書林陳長卿存誠堂刊（明版綜錄四卷七三）
6. 《文心雕龍》十卷
   明天啓三年陳長卿存誠堂刊（明版綜錄四卷七三）

7. 《新刻魏仲雪先生批點西廂記》二卷
明崇禎間刊（明版綜錄四卷七三）

童湧泉

1. 《四六新函》十三卷
崇禎吳門童湧泉刊（明版綜錄五卷五）
2. 《草堂詩餘》四卷
明崇禎間吳門書林童湧泉刊（明版綜錄五卷五）

開美堂

1. 《麟經指月》十二卷
泰昌元年吳縣書林開美堂刊（明版綜錄五卷十七）

舒文淵、舒仲甫

1. 《黃帝內經素問靈樞注證發微》九卷
萬曆十四年書林舒載陽刊（明版綜錄五卷二一）
2. 《新刻鍾伯敬先生批評封神演義》二十卷
封面題：「金閶書坊舒仲甫」，卷二題「金閶載陽舒文淵梓」（孫目）
3. 《新刊徐文長先生評唐傳演義》八卷九十一節
封面左下題：「書林舒載陽梓」。版心下題：「藏珠館，卷一題武林藏珠館繡梓」（孫目）

傳萬堂

1. 《頤生微論》四卷
明崇禎十五年金閶書林傳萬堂刊（明版綜錄五卷四八）

葉敬池

1. 《醒世恒言》十卷四十篇（孫目）
2. 《新列國志一百零八回》
明崇禎書林葉敬池刊（孫目）
3. 《石點頭》十四卷
明崇禎葉敬池刊
4. 《扶輪集》十四卷
崇禎十五年吳縣書林葉敬池刊（明版綜錄五卷三四）

葉敬溪

1. 《醒世恒言》四十卷（大連）

葉崑池能遠居

1. 《春秋三發》四卷
   天啓吳縣書林葉崑池能遠居刊（明版綜錄四卷二八）
2. 《春秋衡庫》三十卷、《附錄》三卷、《備錄》一卷（明版綜錄四卷二八）
3. 《古今譚概》三十六卷（明版綜錄四卷二八）
4. 《新刻玉茗堂批點南北宋傳》二十卷（明版綜錄四卷二八）

葉瑤池天葆堂

1. 《五車韻瑞》一百六十卷

葉清庵

1. 《新刊校正大字東恒先生藥性賦》二卷
   萬曆二年吳縣書林葉清庵刊（中圖四九二）

葉龍溪

1. 《尙論編》二十卷
   萬曆十六年葉龍溪刊（明版綜錄五卷三四）
2. 《萬病回春》八卷
   明萬曆書林葉龍溪刊（明版綜錄五卷三四）

葉華生

1. 《王宇泰先生訂補古今醫鑑》十六卷
   明萬曆二年吳縣書林葉華生刊（明版綜錄五卷三四）

葉瞻泉

1. 《芑山文集》三十二卷
   崇禎金閶書林葉瞻泉刊（明版綜錄五卷三五）

葉啟元玉夏齋

1. 《新鐫玉茗堂批選王弇州先生艷異編》四十卷、《續集》一卷
   明萬曆金閶書林玉夏齋刊（明版綜錄一卷三七）
2. 《尺牘双魚》十九卷
   萬曆吳縣書林葉啓元玉夏齋刊（明版綜錄一卷三七）

鄭子明

1. 《新刊批釋舉業切要古今文則》五卷
   明隆慶六年吳縣書林鄭子明刊（明版綜錄六卷二三）

綠蔭堂

1. 《汝南圃史》十二卷（明版綜錄六卷十六）
   萬曆四十八年金閶書林綠蔭堂刊

藜光樓

1. 《李卓吾先生批評三國志一百二十回》
   明崇禎吳郡書林藜光樓梅德堂刊（明版綜錄七卷二二）

寶鴻堂

1. 《傷寒全生集》四卷
   明崇禎十二年吳門書林寶鴻堂刊（明版綜錄八卷一）

寶翰樓

1. 《刪補古今文選》十卷
   明天啓三年吳門書林寶翰樓刊（明版綜錄八卷一）
2. 《顧文康公文草》十卷、《首》一卷、《詩草》六卷、《續稿》六卷、《三集》四卷（明版綜錄八卷一）
3. 《東坡先生詩集注》三十二卷（明版綜錄八卷一）

龔紹山

1. 《標明評釋武經七書》十二卷（明版綜錄八卷九）
2. 《新鐫陳眉公先生評點春秋列國志傳》十二卷（孫目）
3. 《鐫楊升庵批點隋唐兩朝志傳》十二卷一百二十二回
   萬曆乙未歲季秋既望金閶書林龔紹山繡梓（孫目）

新安書坊刻書

吳勉學師古齋

史　部

1. 《前漢書》一百二十卷（中圖一一〇）
2. 《史裁》二十六卷
   萬曆三十年刊（中圖二五一）
3. 《四季須知》二卷
   萬曆庚子年刊（中圖二五五）

子　部

1. 《孔子家語》十卷（中圖四三一）

2. 《中說》十卷
3. 《呂氏春秋》二十六卷（中圖五五七）
4. 《二十子》一百六十七卷（中圖八六〇）
5. 《山海經》十八卷（中圖六六七）
6. 《儒門事親》十五卷（普目二四五）
7. 《筆叢正集》三十二卷，《續集》十六卷（國會六六〇）
8. 《史學璧珠》十八卷（中圖六四二）
9. 《世說新語》六卷（中圖六五一）
10. 《鐫五侯鯖》十二卷（北京五冊十五）
11. 《傷寒六書》六卷（國會五〇二）
12. 《鍼灸甲乙經》十二卷（國會四九三）
13. 《幼科全書》十四卷（普目二五七）
14. 《素問病機氣宜保命集》三卷（中圖四七三）
15. 《脈訣指掌》一卷（中圖四七四）
16. 《增注類證活人書》二十一卷（中圖四八五）
17. 《黃帝素問宣明論方》十五卷（中圖四八八）
18. 《證治要訣類方》四卷（中圖四八九）

吳中珩

1. 《呂氏春秋》二十六卷（中圖五五七）
2. 《世說新語》六卷（中圖六五一）

鄭少齋

1. 《古文正宗》十六卷（傅目二五〇）

第三節　浙江省

杭州書坊刻書

月脅居

1. 《於陵子》一卷（北京四冊五）

古香齋

1. 《秦漢文歸》三十卷（普目五六四）

自得軒

1. 《鬻子註》一卷（北京四冊五）
2. 《廣成子解》一卷（北京四冊五）
3. 《乾鑿度》一卷、《坤鑿度》一卷（北京四冊五）

朱　府

1. 《无能子》三卷

快　閣

1. 《吉三墳》一卷（北京四冊五）

段景亭讀書坊

經　部

1. 《五經纂》不分卷
明天啓書林段景亭刊（明版綜錄八卷九）

史　部

1. 《昭代經濟言》十四卷
明天啓六年刊（明版綜錄八卷九）
2. 《名山勝概記》四十八卷、《圖》一卷、《附錄》一卷（明版綜錄八卷九）

子　部

1. 《孔子家語注》十卷、《集語》二卷（明版綜錄八卷九）
2. 《揚子法言註》十卷
明天啓六年刊（北京四冊九）
3. 《關尹子註》二卷（北京四冊九）
4. 《居家必備》十卷（裘考）
5. 《證治醫便》六卷（明版綜錄八卷九）

集　部

1. 《徐文長文集》三十卷（明版綜錄八卷九）
2. 《古今詩話七十九種》八十三卷（明版綜錄八卷九）
3. 《怡雲閣浣沙記》二卷（明版綜錄八卷九）

秋　室

1. 《玄眞子》三卷（北京四冊五）

容與堂

1. 《李卓吾先生批評玉合記》二卷
2. 《李卓吾先生批評忠義水滸傳》一百卷

3. 《李卓吾先生批評幽閨記》二卷（中圖）
4. 《琵琶記》二卷（傅目）
5. 《李卓吾先生批評紅拂記》二卷（明版綜錄四卷二）
6. 《李卓吾先生批評西廂記》二卷（明版綜錄四卷二）

高　衙

1. 《鬼谷子》一卷（北京四冊五）

泰和堂

1. 《新鐫東西晉演義》十二卷（明版綜錄四卷九）

崇雅堂

1. 《列子》八卷（北京四冊五）

徐象標曼山館

1. 《春秋愍度》十五卷（明版綜錄四卷二四）
2. 《國史經籍志》六卷（國會四三一）
3. 《國朝獻徵錄》一百二十卷
   萬曆丙辰錢塘徐象標刊（中圖二〇四）
4. 《唐荆川先生纂輯武編前集》六卷、《後集》六卷
   萬曆四六年刊（國會四六八）
5. 《玉堂叢話》八卷
   萬曆戊午年刊（中圖六六三）
6. 《東坡先生尺牘》十一卷（明版綜錄四卷二四）
7. 《五言律祖前集》四卷、《後集》六卷（明版綜錄四卷二四）
8. 《鉅文》十二卷（明版綜錄四卷二四）
9. 《古詩選九種》三十一卷、《均藻》四卷、《五言詩細》一卷、《七言詩細》一卷（明版綜錄四卷二四）

翁文源

1. 《新鐫全像曇花記》二卷（中圖一三八九）

翁文溪

1. 《批點分類誠齋先生文膾前集》十二卷、《後集》十二卷
   明隆慶六年杭州朝天門書林翁文溪刊（明版綜錄四卷十七）

翁月溪

1. 《新刊崑山周解元精選藝國萃盤錄》六卷（明版綜錄四卷十八）

翁曉溪

1. 《考古彙編經集》六卷、《史集》六卷、《文集》六卷、《續集》六卷
   嘉靖三十一年刊（明版綜錄四卷十七）

翁時化

1. 《易意參疑首篇》二卷、《外篇》十卷（明版綜錄四卷十七）

堂策檻

1. 《子華子》二卷（北京四冊五）

豹變齋

1. 《周文歸》二十卷（普目五六三）
2. 《明詩選》十二卷、《首》一卷（普目五六五）

朝爽閣

1. 《商子》二卷（北京四冊五）

陽春堂

1. 《重刻吳越春秋浣沙記》二卷（中圖一三八九）

張氏白雲齋

1. 《白雲齋選訂樂府吳騷合編》四卷（中圖）

酣子幄

1. 《合刻連珠》二卷（北京四冊五）
2. 《中論纂》一卷（北京四冊五）
3. 《隱書》一卷（北京四冊五）

溪香館

1. 《檀弓記》二卷（北京四冊五）
2. 《廣成子註》一卷（北京四冊五）
3. 《譚子化書》六卷（北京四冊五）
4. 《老子道德經註》（北京四冊五）

楊爾曾夷曰堂、草玄居

1. 《吳越春秋注》十卷
   萬曆二九年刊（明版綜錄五卷四三）
2. 《圖繪宗彝》八卷
   萬曆三五年制（明版綜錄二卷九）

3. 《海內奇觀》十卷
萬曆三八年刊（明版綜錄二卷九）
4. 《狐媚叢談》五卷（明版綜錄二卷九）
5. 《新鐫仙媛紀事》九卷
萬曆三十年刊（明版綜錄五卷四三）
6. 《許眞君淨明宗教錄》十五卷、《淨明歸一內經》一卷
萬曆三一年刊（明版綜錄五卷四三）

葉世遇寶山堂

1. 《荊川先生精選批點語錄》十四卷
隆慶辛未仲夏月浙江葉氏寶山堂刊（國會四五三）
2. 《重刊校正唐荊川先生文集》十二卷
嘉靖癸丑仲冬刊（國會九四四）

趙世楷

1. 《楊子太玄經》十卷
天啓六年刊（中圖）
2. 《韓非子》
3. 《董子繁露》
4. 《晏子春秋》

凝瑞堂

1. 《弄珠樓》二卷（明版綜錄七卷二）

横秋閣

1. 《亢倉子評註》一卷（北京四冊五）

輝山堂

1. 《經史子集合纂類語》三十二卷
崇禎十一年刊（明版綜錄六卷二七）

墨繪齋

1. 《名山勝概記》四十八卷、《圖》一卷、《附錄》一卷
崇禎六年刊（國會三六五）

劉　烱

1. 《弇州山人四部稿選》十四卷（國會九五三）

樵雲書舍

1. 《新刻增補藝苑巵言》十六卷（中圖一三五九）

藏珠館

1. 《新刊徐文長先生批評唐傳演義》八卷
   明泰昌元年刊（明版綜錄七卷十七）

繼錦堂

1. 《陽明先生道學鈔》七卷、《附年譜》二卷
   萬曆己酉武林繼錦堂刊（普目二二七）

三衢書坊刻書

徐應瑞思山堂

1. 《赤翰寶珠編》十卷（明版綜錄四卷二一）
2. 《揮麈新譚》二卷（明版綜錄四卷二一）
3. 《白瑱（�）言》二卷（明版綜錄四卷二一）
4. 《空同先生集》十六卷
   萬曆七年徐應瑞思山堂刊（明版綜錄四卷二一）

童文龍

1. 《昭代明良錄》二十卷（國會二一四）

童應奎

1. 《新刊靜山策論膚見》十卷（明版綜錄五卷五）

舒用中天香書局

1. 《風教雲箋前集》四卷、《後集》四卷
   萬曆十三年刊（明版綜錄五卷二一）

舒其才集賢書舍、石泉堂

1. 《新刊諧史》六卷
2. 《古今類腴》十八卷
   萬曆十九年刊（明版綜錄五卷二七）
3. 《唐詩選》七卷、《附錄》一卷（明版綜錄五卷二七）

舒承溪

1. 《皇明人物考》六卷（明版綜錄五卷二一）
2. 《白蘇齋類集》二十二卷（明版綜錄五卷二一）

葉氏如山堂

1. 《新雕古今名姝香臺集》三卷（明版綜錄二卷十九）

太末書坊刻書

翁少麓

1. 《新鐫全補標題音註歷朝捷錄》四卷（普目二〇六）
2. 《卜筮全書》十四卷（明版綜錄四卷十七）
3. 《篇海類編》二十卷、《附錄》一卷（明版綜錄四卷十七）
4. 《南宋志傳》十卷五十回（傳目二四九）
5. 《名世文宗》三十卷
   崇禎元年刊（明版綜錄四卷十七）
6. 《漢魏六朝二十二名家集》一百二十九卷
   明崇禎間翁少麓刊（明版綜錄四卷十七）
7. 《新鐫王永啓先生評選古今文致》十卷（中圖一二一二）
8. 《古香岑草堂詩餘四集》十七卷（中圖一三六八）

吳興書坊刻書

凌、閔兩家刻書請參考閔板書目

臺州書坊刻書

洪家書舖

1. 《新刊評注分省撫按縉紳便覽》不分卷（明版綜錄三卷二四）

第四節　福建省

三槐堂（王崗源、王介蕃、王登百）

1. 《五經諸儒蠡測集要》二十卷（中圖六〇三）
2. 《性理大全》七十卷（普目二二二）
3. 《夢溪筆談》二十六卷、《補》二卷、《續》一卷（普目二八四）
4. 《經國雄略》四十八卷（國會六二三）
5. 《候鯖錄》八卷（清話）
6. 《新刻名公神斷明鏡公案殘存》四卷（孫目）

江子升三槐堂

1. 《唐詩鼓吹》十卷
   萬曆間福建書肆三槐堂江子升刻（傅目五八）

西園堂

1. 《新刊劉向說苑》二十卷
   明永樂十四年書林西園精舍刊（明版綜錄二卷八）
2. 《增廣類聯詩學大全》三十卷
   明正統十年西園堂刊（明版綜錄二卷八）

朱美初

1. 《六祖大師法寶壇經》一卷
   明崇禎六年建陽書林朱美初刊（中圖六九八）

余氏双桂堂

1. 《周易傳義大全》二十四卷、《圖說》一卷、《綱領》一卷
   明弘治丙辰余氏双桂堂刊（國會三）

余新安

1. 《荔鏡記》不分卷
   明嘉靖四五年余新安刊（傅目五七）

余象斗三臺館、双峯堂

經　部

1. 《古今韻會舉要小補》三十卷
   卷末題：「書林余彰德、余象斗同刊」（普目七八）

史　部

1. 《大方綱鑑》三九卷
   萬曆庚子孟冬双峯堂余文臺刊（國會一二一）
2. 《大方萬文一統存》十八卷（中圖二九三）
3. 《鼎鍥趙田了凡袁先生編纂古本歷史大方綱鑑補》三十九卷
   萬曆三四年余象斗双峯堂刊（明版綜錄七卷二十）

子　部

1. 《袁氏痘疹叢書》
   明書林双峯堂刊（北平四冊二九）
2. 《萬用正宗不求人編》三十五卷

萬曆歲次丁未潭陽余文臺梓（國會七四三）

3. 《海篇正宗》二十卷

萬曆戊戌春月余文臺編梓（國會）

4. 《卓氏藻林》八卷

潭陽書林楊發吾、余文臺梓（普目三三四）

5. 《新刻藝窗彙爽萬錦情林》六卷

書內題：「三臺山人仰止余象斗纂、書林双峯堂文臺余氏梓」（傅目六九）

6. 《新刊理氣詳辨纂要三臺便覽通書正宗》二十卷、《首》一卷、《又》二卷

崇禎十年余象斗双峯堂刊（明版綜錄七卷二一）

7. 《鋟兩狀元編次皇明要考》四卷

萬曆二十二年余象斗双峯堂刊（明版綜錄七卷二十）

8. 《鼎鋟崇文閣彙纂士民捷用分類學府全編》三十五卷

萬曆三五年余象斗双峯堂刊（明版綜錄七卷二十）

9. 《新鋟獵古詞章釋字訓解三臺對類正宗》十九卷、〈首〉一卷

萬曆四五年余氏双峯堂刊（明版綜錄七卷二一）

10. 《京本通俗演義按鑑全漢志傳》

萬曆十六年書林余文臺刊（蓬左八五）

11. 《新刊皇明諸司廉明奇判公案》四卷

萬曆二六年余文臺刊（北平八冊六一）

12. 《全像北遊記玄帝出身傳》

牌記題：「壬寅歲季春月書林熊仰臺梓」。卷內題「建邑書林余氏双峯堂梓」（柳目）

13. 《新刻京本春秋五霸七雄分像列國志傳》八卷、《殘存》五卷、《書林文臺余象斗梓》（柳目）

14. 《殘本新刻按鑑全像批評三國志傳》

書題：「書坊仰止余象烏批評，書林文臺余象斗編梓」（柳目）

15. 《新刻八仙出處東遊記》

三臺山人仰止余象斗刊（孫目）

16. 《新刻皇明諸司公案傳》六卷（孫目）

17. 《京本增補校正全像忠義水滸傳評林》二五卷

福建書林双峯堂余象斗刊（傅目六四）

18. 《新刊京本編集二十四帝通俗演義全漢志傳》十四卷

萬曆書林余象斗双峯堂刊（明版綜錄七卷二十）

19.《新鐫漢丞相諸葛孔明異義傳奇論詳評林》五卷

萬曆二六年余象斗双峯堂刊（明版綜論七卷二十）

集　部

1.《仰止子詳考古今名家潤色詩林正宗》十二卷、《韻林正宗》六卷（明版綜錄七卷二十）

2.《新鐫歷世諸大名家往來翰墨分類纂注品粹》十卷

萬曆二五年余象斗双峯堂刊（明版綜錄七卷二十）

余君召

1.《新刻皇明開運輯略武功名世英烈傳》六卷（孫目）

2.《三訂曆法玉堂通書》十卷

崇禎十六年余氏三臺館余應灝訂梓（裘考）

余應鰲三臺館

1.《新刻按鑑演義全像大宋中興岳王傳》八卷

紅雪山人余應鰲編次，潭陽書林三臺館梓（孫目）

2.《新刻按鑑演義全像唐國志傳》八卷（孫目）

3.《全像按鑑演義南北宋志傳》二十卷（孫目）

余氏萃慶堂（余彰德、余長公、余泗泉）

經　部

1.《詩經三註粹抄》不分卷

萬曆庚寅余氏萃慶堂（中圖二〇）

2.《周禮三註粹抄》不分卷

萬曆庚寅余泗泉刊（中圖二七）

3.《禮記三註粹抄》不分卷

萬曆庚寅余泗泉刊（中圖三二）

4.《春秋三註粹抄》不分卷

萬曆庚寅余泗泉刊（中圖四十）

5.《四書知新日錄》六卷

萬曆余彰德萃慶堂刊（明版綜錄五卷十）

6.《書經萬世法程注》十一卷

萬曆萃慶堂刊（明版綜錄五卷十）

史　部

1. 《歷朝紀政綱目》四十卷、《前編》八卷、《續編》二六卷
2. 《古今人物論》三十六卷
   萬曆戊申余彰德刊（中圖四〇五）
3. 《新刻世史類編》四十五卷、《首》一卷
   明余彰德刊（北平二冊十六）
4. 《漢書評林》一百二十卷
   萬曆余彰德萃慶堂刊（明版綜錄五卷十）
5. 《綱鑑歷朝正史全編》
   萃慶堂余泗泉梓（張氏二）

子　部

1. 《鍥旁註事類捷錄》十五卷
   萬曆癸卯萃慶堂余彰德刊（普目三四四）
2. 《花鳥爭奇》三卷
   明萃慶堂梓（中圖一三四九）
3. 《秘笈新書》十三卷、《別集》三卷
   萬曆間萃慶堂梓（中圖六二九）
4. 《大備對宗》十九卷
   萬曆二八年萃慶堂余氏刊（傅目七五）
5. 《耳談》十卷
   萬曆三七年萃慶堂刊（明版綜錄五卷十）
6. 《呂仙飛劍記》上下卷
   書林萃慶堂余氏梓（孫目）
7. 《鐵樹記》二卷十五回
   萬曆三一年余泗泉刊（明版綜錄二卷四九）

集　部

1. 《集千家詩杜工部詩集》二十卷、《文集》二卷
   余泗泉翻刻萬曆間長洲許氏本（普目四一〇）
2. 《宗伯集》六卷
   萬曆三九年余泗泉萃慶堂刊（北平七冊四一）
3. 《分類補注李太白詩》二十五卷、〈年譜〉一卷
   余泗泉翻刻許自昌校刊本（普目四〇八）

余氏自新齋

經　部

1. 《左傳狐白》四卷
   萬曆四二年余良木刊（明版綜錄二卷十八）
2. 《四書順天捷解》六卷
   天啓七年余文杰自新齋刊（明版綜錄二卷十八）

史　部

1. 《史記萃寶評林》三卷
   萬曆十九年余明吾自新齋刊（明版綜錄二卷十八）
2. 《通鑑纂要狐白》六卷
   萬曆元年余紹崖自新齋（明版綜錄二卷十八）
3. 《兩漢萃寶評林》三卷
   萬曆十九年余明吾自新齋刊（明版綜錄二卷十八）
4. 《諸史狐白》四卷
   萬曆甲辰仲秋余紹崖梓（普目二九五）
5. 《新刊湯會元精遴評釋國語狐白》四卷
   萬曆二四年余良木自新齋刊（明版綜錄二卷十八）
6. 《新刊補遺標題論策指南綱纂要》二十卷
   萬曆二七年余良木自新齋刊（明版綜錄二卷十八）
7. 《新鋟張狀元遴選評林秦漢狐白》四卷
   萬曆三三年余良木自新齋刊（明版綜錄二卷十八）

子　部

1. 《新刊憲臺釐正性理大全》七十卷
   嘉靖三十一年余允錫自新齋刊（明版綜錄二卷十八）
2. 《管晏春秋百家評林》四卷
   余良木自新齋刊（國會四八一）
3. 《莊子狐白》四卷
   萬曆甲寅余氏自新齋刊（中圖八三一）
4. 《新鍥南華眞經三註大全》二十一卷
   萬曆癸巳閩書林余氏自新齋刊（中圖八三一）
5. 《文源岸海》四卷
   余良木梓（中圖六四三）

集　部

1. 《鼎鐫施會元評注選輯唐駱賓王狐白》三卷
   萬曆余文杰刊（明版綜錄二卷十八）
2. 《新刊正續古文類鈔》二十卷
   嘉靖辛酉余允錫自新齋刊（中圖一一八五）
3. 《續刻溫陵四太史評選古今名文珠璣》八卷
   龍飛萬曆乙未仲秋穀旦謹題，自新齋余紹崖繡梓（中圖一一九三）
4. 《續名文珠璣》八卷
   萬曆二三年余良木自新齋刊（明版綜錄二卷十八）
5. 《續文章軌範百家批評注釋》七卷
   萬曆二七年余良木自新齋刊（明版綜錄二卷十八）

余良史

1. 《新鐫翰林評選注釋二場表學司南》四卷
   萬曆二三年余良史刊（明版綜錄二卷五十）

余泰垣

1. 《性理纂要抄狐白》八卷
   萬曆書林余泰垣刊（明版綜錄二卷五十）

余應孔居仁堂

1. 《周易初談講義》六卷
   萬曆四六年余應孔刊（明版綜錄二卷四九）
2. 《新燕臺校正天下通行文林聚寶萬卷星羅》三九卷
   余應孔刊
3. 《新刻李袁二先生精選唐詩訓解》七卷、《卷首》一卷
   明萬曆余應孔刊（國會一〇六〇）

余應良

1. 《性理白眉大全》十二卷
   天啓四年建陽余應良刊（普目二三三）

余應虬

1. 《西陽撈古奇編》十八卷
   萬曆己酉秋月南京原板刊行。卷首題：「閩書林陟瞻余應虬梓行」（國會五〇）
2. 《雪庵清史》五卷

萬曆四二年余應虬（明版綜錄二卷四五）

3. 《新編分類當代名公文武星案》六卷

萬曆四四年余應虬刊（明版綜錄二卷四五）

4. 《新刊李袁二先生精選唐詩訓解》七卷、《首》一卷

萬曆四六年余應虬刊（明版綜錄二卷四五）

余應興

1. 《五雲字法》四卷

萬曆三六年余應興刊（明版綜錄二卷四九）

2. 《魏仲雪增補李卓吾名文捷錄》六卷

萬曆四十年余應興刊（明版綜錄二卷四九）

3. 《五車妙選》十一卷

萬曆余應興刊（明版綜錄二卷四九）

余氏克勤齋（余碧泉、余明臺、余自新）

1. 《書經集註》六卷

萬曆十六年余碧泉刊（明版綜錄二卷二八）

2. 《史記萃寶評林》三卷

萬曆十八年余自新克勤齋刊（明版綜錄二卷二八）

3. 《孔子家語圖》十一卷

萬曆十四年余碧泉克勤齋刊（中圖四二四）

4. 《秘傳常山楊敬齋針灸全書》二卷

萬曆十九年余碧泉刊（明版綜錄二卷二八）

5. 《活嬰秘旨推拿方脈》三卷

萬曆三二年余明臺克勤齋刊（明版綜錄二卷二八）

6. 《世說新語注》八卷

萬曆十四年余碧泉克勤齋刊（明版綜錄二卷二八）

7. 《由拳集》二三卷

萬曆十九年余碧泉（明版綜錄二卷二八）

8. 《文選纂注評苑前集》十四卷、《後集》二六卷

萬曆二七年余碧泉克勤齋刊（明版綜錄二卷二八）

余繼泉

1. 《四書近見錄》四卷

萬曆四十年余繼泉刊（國會四七）

2. 《新刊官板地理玄機體用全書》十九卷

萬曆四四年余繼泉刊（明版綜錄二卷五一）

余季岳

1. 《按鑑演義帝王御世有夏志傳》四卷十九回

崇禎間閩書林余季岳刊（傳目六三二）

2. 《按鑑演義帝王御世盤至唐虞傳》二卷十四回

書林余季岳刊（傳目六二九）

余成章

1. 《新鐫編類古今史鑑故事大全》十卷

萬曆間余成章刊（明版綜錄二卷五一）

2. 《皇明資治通紀》十二卷（張氏二）

3. 《醫教立命元龜》七卷

萬曆十八年余仙源梓（明版綜錄二卷五一）

4. 《六子纂要》十二卷

萬曆二一年余成章刊（明版綜錄二卷五一）

5. 《新刻全像牛郎織女傳》四卷

萬曆二十年余仙源梓（明版綜錄二卷五一）

6. 《駱丞集注釋評林》六卷

萬曆四十年余成章刊（明版綜錄二卷五一）

余楷式

1. 《四書名物考》二四卷（國會四八）

余秀峯

1. 《綱鑑滙約大成》（張氏二）

2. 《草堂詩餘》（張氏二）

余廷甫

1. 《名家地理大全》（張氏二）

余元長

1. 《新刊官板評續百將傳》四卷（明版綜錄二卷五十）

2. 《三刻太醫院補注婦人良方》二十四卷

萬曆書林余元長刊

余敬宇

1. 《新刻本寧李先生評訓對類》二十卷
   明萬曆建陽書林余敬宇刊（明版綜錄二卷五十）

余熙宇

1. 《鼎鐫四民便覽柬學珠璣》四卷
   萬曆三七年建陽書林余熙宇刊（明版綜錄二卷五十）

余氏存慶堂

1. 《博聞勝覽考實全書》三六卷
   萬曆三九年書林余氏存慶堂刊（明版綜錄二卷九）

余仁公

1. 《一覽知兵武闈捷勝》一卷、《武家彀射譜》一卷
   明天啓六年建陽書林余仁公刊（明版綜錄二卷五一）

余松軒

1. 《居家緊要日用雜字》不分卷
   萬曆建陽書林余松軒梓（明版綜錄二卷五十）

余　恒

1. 《藝林尋到源頭》八卷（明版綜錄二卷四九）

余氏双柱堂

1. 《周易傳義大全》二四卷、《圖說》一卷、《綱領》一卷
   明弘治九年建陽余氏双柱堂刊（明版綜錄七卷二十）
2. 《性理大全》七十卷
   嘉靖三十一年余氏双柱堂（明版綜錄七卷二十）

吳彥明

1. 《運甓》二卷
   萬曆間閩建陽書坊吳彥明刊（中圖一一九八）

吳世良

1. 《桂州先生文集》五十卷
   萬曆二年吳世良刊（中圖一〇五〇）

明實書堂

1. 《周易傳易大全》二十四卷

明天順建陽書林明實書堂刊（明版綜錄三卷十）

2. 《古今事文類聚前集》六十卷、《後集》五十卷、《別集》三十二卷
明天順書林明實書堂刊（明版綜錄三卷十）

忠武堂

1. 《圖書編》一百二十卷、《年譜》一卷
明天啓四年建陽書林忠武堂刊（明版綜錄三卷十一）

周氏四仁堂

1. 《新刊八十一難經》四卷、《脉法》四卷
隆慶元年建陽書林周氏四仁堂刊（明版綜錄一卷四二）

金　魁

1. 《鼎鐫徽池雅調南北腔樂府點板曲響大明春》
閩建書林拱塘金魁繡（孫目）

陳玉我積善堂、繼善堂

1. 《新編排韻增廣事類氏族大全》十卷、《增補皇明人文》一卷
封面題：「繼善堂陳玉我梓行」。作跋時又作「積善堂」

陳雲岫積善堂（國會七一三）

1. 《新刊地理天機會元存》四卷
嘉靖癸丑書林陳氏積善堂刊（中圖五一八）
2. 《重鐫官板地理天機會元》三十五卷
萬曆間陳孫賢刊（中圖五一九）
3. 《纂圖互注老莊列三子》二十卷
隆慶辛未五年陳奇泉積善堂刊（森志）
4. 《精刻徐陳二先生評選歷代名文則》六卷
卷首題：「書林奇泉陳孫賢梓」。卷末題：「天啓元年歲次辛酉冬月書林積善堂陳奇泉梓行」（普目五五一）

陳崑泉

1. 《新刻京本排韻增廣事類氏族大全綱目》二十八卷
萬曆二年陳崑泉梓（國會二二二）

陳孫安

1. 《新刻太古遺踪海篇集韻大全》三十一卷
明天啓書林陳孫安刊（明版綜錄四卷七六）

陳國晉

1. 《新刊名公印雋儒林重珍》不分卷、《新刊名公筆法草書重珍》不分卷
   明萬曆潭陽書林陳國晉刊（明版綜錄四卷七四）

陳恭敬

1. 《新刻增補全像音釋古今列女傳》三卷
   明天啓建陽書林陳恭敬刊（明版綜錄四卷七二）

陳懷軒存仁堂

1. 《萬寶搜奇全書》（一名萬寶全書）
   崇禎戊辰書林存仁堂陳懷軒梓（裘考）
2. 《新鐫國朝名公神斷詳情公案殘存》（孫目）

陳世璜存德堂

1. 《周易本義》四卷
   萬曆二九年陳氏存德堂刊（明版綜錄二卷九）
2. 《刻類證注釋錢氏小兒方訣》十卷（森志）
3. 《陳氏小兒病原方論》四卷（森志）
4. 《新刊婦人良方補遺大全》二十四卷
   正德四年陳氏存德堂刊（北平四冊二八）
5. 《類證傷寒活人書括指掌圖說》十卷、《提綱》一卷
   明正德陳世璜存德堂刊（明版綜錄二卷九）
6. 《鐫圖注王叔和脉琮璜》九卷
   萬曆三四年存德堂刊（明版綜錄二卷九）
7. 《太平惠民和劑局方》十卷
   正德六年存德堂刊（明版綜錄二卷九）
8. 《雪心賦桑龍經》五卷
   萬曆二五年存德堂刊（明版綜錄二卷九）
9. 《新鍥諸名家前後場肄業精訣》四卷
   萬曆甲辰建邑書林陳氏存德堂（中圖）

張氏新賢堂

1. 《禮記集注》十卷
   萬曆張氏新賢堂刊（明版綜錄五卷三一）
2. 《通鑑續篇》二十四卷

嘉靖四一年張氏新賢堂（明版綜錄五卷三一）

3. 《性理大全》七十卷

嘉靖三十年建陽張氏新賢堂刊（明版綜錄五卷三一）

4. 《春窗聯偶巧對便蒙類稿》二卷

嘉靖三一年張氏新賢堂刊（明版綜錄五卷三一）

黃輝宇

1. 《一雁橫秋》四卷

明萬曆三九年福建書肆黃輝宇刊（傅目八六）

博濟藥室

1. 《類證傷寒活人書括》四卷

宣德八年建陽劉氏博濟藥室刊（明版綜錄五卷三一）

2. 《新編醫方大成》十卷

成化十七年建陽劉氏博濟藥室（明版綜錄五卷三一）

博雅書堂

1. 《聯新事備詩學大成》三十卷

明永樂六年建陽書林博雅書堂刊（明版綜錄五卷十三）

源泰堂

1. 《新刻皇明經世要略》一卷

明萬曆潭陽書林源泰堂行（明版綜錄五卷三一）

2. 《新刻翰林批選東萊呂先生左氏博議句解》十二卷

萬曆九年源泰堂刊（明版綜錄五卷三一）

楊先春清白堂、歸仁齋

經　部

1. 《讀易私記》十卷

崇禎四年楊先春刊（明版綜錄四卷三十）

史　部

1. 《資治通鑑綱目外紀》一卷（丁志）
2. 《通鑑前編》十八卷（丁志）
3. 《通鑑綱目》五十九卷（丁志）
4. 《通鑑續編》二十七卷（丁志）
5. 《通鑑綱目全書》一百零五卷

萬曆二十年歸仁齋刊（明版綜錄七卷二一）

6. 《續資治通鑑綱目》二十七卷
萬曆二一年楊先春歸仁齋刊（明版綜錄七卷二一）

7. 《大明一統志》九十卷
嘉靖己未歸仁齋重刊本（國會）

子　部

1. 《新刊性理集要》八卷
嘉靖四十年楊先春歸仁齋刊（明版綜錄七卷二一）

2. 《重修政和經史證類備用本草》三十卷
萬曆七年楊先春歸仁齋刊（明版綜錄七卷二一）

3. 《茶酒爭奇》二卷
天啓四年楊先春清白堂刊（明版綜錄四卷三十）

4. 《山水爭奇》三卷
天啓四年楊先春清白堂刊（明版綜錄四卷三十）

5. 《事文類聚翰墨大全》一百十七卷
嘉靖丁巳楊氏歸仁齋刊（莫志）

6. 《鼎鍥京本全像西遊記》二十卷一百回
閩書林清白堂楊閩齋刊（孫目）

7. 《三國志傳》（孫目）

8. 《新刊大宋演義中興英烈傳》八卷、《十八則附會纂宋岳鄂武穆王精忠錄後集》三卷（柳目）

9. 《京本通俗演義按鑑全漢志》傳十二卷
萬曆十六年刊（明版綜錄四卷三十）

10. 《新刊全相二十尊得道羅漢傳》
卷首題：「萬曆乙巳聚奎堂刊」。卷一題「書林清白堂梓」。卷六題：「萬曆甲辰冬書林楊氏梓」（孫目）

集　部

1. 《三蘇先生文集》七十卷
嘉靖甲子歸仁齋刊（中圖一三三三）

2. 《麒麟罽》二卷（北平八冊八六）

3. 《新鍥評林甑甄洞稿》二十卷、《詩集》六卷
萬曆十六年楊先春清白堂刊（明版綜錄四卷三十）

楊江清江堂、清白堂

經　部

1. 《廣韻》五卷
   宣德六年楊江清堂刊（明版綜錄四卷三一）
2. 《書經大全》十卷
   嘉靖七年楊江刊（明版綜錄四卷三一）

史　部

1. 《資治通鑑節要續編》三十卷
   明弘治十年楊江刊（明版綜錄四卷三一）
2. 《續編資治宋元綱目大全》二十七卷
   嘉靖十年建陽書林楊江清江堂刊（明版綜錄四卷三一）
3. 《新刊紫陽朱子綱目大全》五十九卷
   成化七年楊江刊（明版綜錄四卷三一）
4. 《新刊資治通鑑漢唐綱目經史品藻》十二卷
   嘉靖十五年楊江刊（明版綜錄四卷三一）

子　部

1. 《魁本袖珍大全》四卷
   正德二年楊江刊（明版綜錄四卷三一）
2. 《新刊參采史鑑唐書志傳通俗演義》八卷九十節
   嘉靖癸丑孟秋楊氏清江堂刊（孫目）
3. 《新增補相剪燈新話大全》四卷、《附錄》一卷
   正德六年楊氏清江堂刊（北平八冊六十）
4. 《新刊全相湖海新奇剪燈餘話大全》四卷
   正德六年楊江刊（明版綜錄四卷三一）
5. 《鼎鐫京本全像西遊記》二十卷一百回
   嘉靖三十二年楊江清白堂刊（明版綜錄四卷三十）
6. 《新刻全相二十四尊得道羅漢傳》六卷
   萬曆三十二年楊江清白堂刊（明版綜錄四卷三十）
7. 《大廣益會玉篇》三十卷
   正德六年楊江刊（明版綜錄四卷三一）

楊居寀

1. 《紅梨花記》二卷

崇禎建陽書林楊居刊（明版綜錄五卷四四）
2. 《新刻宋璟鞶釵記》二卷（明版綜錄五卷四四）

楊日彩

1. 《春秋全傳綱目定注》三十卷
萬曆潭陽書林楊日彩刊（明版綜錄五卷四三）

楊美生

1. 《新刻按鑑演義三國英雄志傳》二十卷二百四十則
萬曆建陽書林楊美生刊（明版綜錄五卷四二）

楊發吾

1. 《周易本義刪補便蒙解注》四卷、《圖》一卷
萬曆書林楊發吾刊（明版綜錄五卷四四）

楊金四知館

1. 《武經通鑑》七卷
萬曆三九年四知館刊（明版綜錄一卷四二）
2. 《揭子戰書》十七卷、《兵經百編行軍積善錄》一卷
明萬曆四知館刊
3. 《丹溪心法附錄》二十四卷、《卷首》一卷、《附錄》一卷
4. 《三刻太醫院補注婦人良方》二十四卷
萬曆間楊金四知館刊（明版綜錄一卷四二）
5. 《嬰童百問》十卷（明版綜錄一卷四二）
6. 《新鍥京版工師雕斲正式魯班匠家鏡》二卷
萬曆間四知館刊（明版綜錄一卷四二）
7. 《鍾伯敬先生批評忠義水滸傳》一百卷一百回
明天啓間四知館刊（明版綜錄一卷四二）
8. 《新選南北縣府時調青崑》二卷
明嘉靖楊金四知館刊（中圖一三八六）

楊爾賢玉鏡堂

1. 《太玄經解贊》十卷、《釋文》一卷
萬曆書林楊爾賢玉鏡堂刊（明版綜錄一卷三七）

楊起元

1. 《春秋左傳杜林合注》五十卷（明版綜錄五卷四三）

2. 《鼎鍥京本全像西遊記》二十卷
萬曆間建陽書林楊起元刊（明版綜錄五卷四三）
3. 《重刻京本通俗演義按鑑三國志傳》二十卷
萬曆三八年楊起元刊（明版綜錄五卷四三）

葉氏廣勤堂、三峯書舍

經　部

1. 《春秋胡氏傳》
永樂丙戌孟秋廣勤書堂新刊（中圖三八）
2. 《廣音輯注》十二卷（中圖一二二五）
3. 《埤雅》二十卷
成化九年廣勤堂刊（張氏二）

子　部

1. 《增廣太平惠民利劑局方》十卷
正統九年刊（張氏二）
2. 《圖經本草》一卷（張氏二）
3. 《鍼灸資生經》七卷
正統八年刊（張氏二）
4. 《選編省監新奇萬寶詩山殘本》二卷（明版綜錄）
5. 《萬寶詩山》三十八卷
宣德四年三峯葉景逵廣勤堂刊（《莫志》）

集　部

1. 《丹墀獨對》二十卷
洪武十九年葉景逵刊（明版綜錄六卷三）
2. 《唐詩始音輯注》一卷、《正音輯注》六卷、《遺響輯注》六卷
建文建安書坊葉景逵刊（明版綜錄六卷三）

葉見遠

1. 《廣文字會寶》不分卷
萬曆間刊（中圖一二〇二）

葉志元

1. 《詞林一枝》四卷（傳目七十）

葉貴近山書舍

1. 《皇明人物考》（張氏二）
2. 《卜居秘髓圖解》三卷、《新增》三卷
   萬曆二三年歲次乙未孟夏之吉刊於金陵建陽葉氏近山書舍（國會五八二）
3. 《吳梅坡醫經會元保命寄方》十卷
   萬曆庚辰孟春葉氏梓（中圖四七九）
4. 《諸葛武候秘演禽書》（張氏二）

葉天熹

1. 《翰林重考字義韻律大版海篇心鏡》二十卷
   萬曆二四年建陽書林葉天熹刊（明版綜錄五卷二四）

葉仰峰

1. 《頤生微論》四卷（明版綜錄五卷三五）

葉翠軒

1. 《新刊京本校正增廣聯新事備詩學大全》三十卷
   嘉靖三十年葉翠軒刊（明版綜錄五卷三五）

葉一蘭作德堂

1. 《周易傳義大全》二十四卷
   嘉靖十五年刊（明版綜錄二卷五四）
2. 《性理大全書》七十卷
   嘉靖十二年刊（明版綜錄二卷五四）
3. 《新刊演山省翁活幼口議》二十卷
   嘉靖二四年刊（明版綜錄二卷五四）
4. 《玉機微義》五十卷（明版綜錄二卷五四）
5. 《事類賦》三十卷（明版綜錄二卷五四）
6. 《新刻八代文宗評註》八卷（明版綜錄二卷五四）

虞氏務本書堂

1. 《易傳會通》
   建安虞氏務本會堂後人於洪武年刊（張氏二）

詹氏靜觀堂（詹霖宇、詹彥洪）

經　部

1. 《詩經開蒙衍義集注》八卷
   萬曆二三年詹聖譯刊（明版綜錄五卷四九）

2. 《詩經鐸振》八卷

萬曆四四年詹聖譯刊（明版綜錄五卷四九）

史　部

1. 《靜觀室增補史記纂》六卷

閩書林詹彥洪繡梓（普目八九）

2. 《新鍥名家纂定注解兩漢評林》三卷（明版綜錄五卷四九）

3. 《我朝人物搜奇編》二八卷

萬曆三八年詹聖譯刊（明版綜錄五卷四九）

子　部

1. 《注譯九子全書》十六卷

崇禎間詹聖譯刊（明版綜錄五卷四九）

2. 《新刻類輯故事通考旁訓》十卷

萬曆三六年詹聖譯刊（明版綜錄五卷四九）

3. 《新鍥二太史彙選註釋九子全書評林正集》十四卷、《續集》十四卷、《卷首》一卷（普目三〇七）

集　部

1. 《新鐫邱毛伯先生刪補》不分卷

萬曆四四年詹聖譯刊（明版綜錄五卷四九）

2. 《新鍥會元湯先生批評南明文選》四卷

萬曆二五年詹聖譯刊（明版綜錄五卷四九）

3. 《新鍥會元湯先生批評空同文選》五卷

崇禎間詹聖譯刊

4. 《新鍥施會元精選旁訓皇明鴻烈集》十卷

萬曆元年芝城書林詹聖譯刊（明版綜錄五卷四九）

詹柏楨唾玉山房、詹廷怡文樹堂

1. 《新刊明醫秘傳濟世奇方萬病必愈》十一卷

卷前題：「潭陽會詹柏楨祥生梓行」。卷末題：「書林文樹堂詹廷怡梓行」。扉頁題：「唾玉山房梓」，又有朱色木記：「文樹堂」（普目二五八）

詹林所

1. 《京本校正註釋音黃帝內經素問》十三卷、《靈樞》二卷（中圖四七六）

詹承爾西清堂

1. 《兩漢雋言》十六卷
   萬曆十五年刊（明版綜錄二卷八）
2. 《魁本袖珍方大全》四卷
   嘉靖五年刊（明版綜錄二卷八）
3. 《新刊諸家選集五寶訓解啓蒙故事》七卷
   嘉靖間詹易齋西清堂刊（明版綜錄二卷八）
4. 《許眞君淨明宗教錄》十五卷、《淨明歸一內經》一卷
   萬曆三二年刊（明版綜錄二卷八）

詹長卿就正齋

1. 《少微先生資治通鑑節要》五十卷、《外紀節要》五卷
   嘉靖三二年刊（明版綜錄五卷五）
2. 《新刊諸事備用萬家纂要通達便覽》二十卷
   嘉靖三九年刊（明版綜錄五卷五）
3. 《宗子相集》十五卷
   嘉靖三九年刊（明版綜錄五卷五）
4. 《皇明殿閣詞林記》二十卷
   嘉靖三一年刊（明版綜錄五卷五）

詹氏進德書堂

1. 《四書章圖櫽括總要發義》二卷
   洪武十二年刊（明版綜錄四卷五一）
2. 《重訂四書輯釋通大成》四十卷
   正統五年刊（明版綜錄四卷五一）
3. 《廣韻》五卷
   正德十四年刊（明版綜錄四卷五一）
4. 《大廣益會玉編》三十卷、《玉篇廣韻指南》一卷
   正德十四年刊（明版綜錄四卷五一）
5. 《事林廣記前集》二卷、《續集》二卷、《別集》二卷、《新集》二卷、《外集》二卷
   弘治九年詹氏進德書堂刊（明版綜錄四卷五一）

詹張景

1. 《新刻蒐補歷代皇明注解標奇風教故事》六卷

明萬曆建陽書林詹張景刊（明版綜錄五卷四九）

詹恒忠

1. 《新刻開基翰林評選歷朝捷錄總要》四卷
   明萬曆三六年建陽書林詹恒忠刊（明版綜錄五卷四九）

詹聖學

1. 《重刊類編草堂詩餘評林》六卷
   明萬曆十六年建陽書林詹聖學刊（明版綜錄五卷四九）

詹聖謨

1. 《詩經世業》十一卷
   明崇禎建陽書林詹聖謨刊（明版綜錄五卷四九）

詹道堅

1. 《類編傷寒活人指掌圖論》九卷、《續》一卷、《提綱》一卷
   明萬曆建陽書林詹道堅刊（明版綜錄五卷四九）

詹氏進賢堂

1. 《廣韻》五卷
   正德十四年刊（明版綜錄四卷五一）
2. 《新刻精纂注釋歷史標題通鑑捷旨》六卷
   萬曆三五年刊（明版綜錄四卷五一）
3. 《新刊性理大全》七十卷
   嘉靖三九年刊（明版綜錄四卷五一）
4. 《地理雪心賦勺解》四卷
   弘治十八年刊（明版綜錄四卷五一）
5. 《禽遁大全》四卷、〈補〉一卷
   弘治九年刊（明版綜錄四卷五一）
6. 《筆山文集》十卷
   萬曆二五年刊（明版綜錄四卷五一）

愛慶堂

1. 《新刻一啓三奇》八卷
   天啓建陽書林愛慶堂刊（明版綜錄五卷四七）

熊宗立種德堂、厚德堂

經　部

1.《書經精鋭》十二卷
明隆慶四年熊宗立刊（明版綜錄六卷十一）
2.《詩經開心正解》七卷（明版綜錄六卷十一）
3.《登雲四書集注》十九卷（明版綜錄六卷十一）

史　部

1.《史記評林》一百三十卷（明版綜錄六卷十一）
2.《分類注釋刑臺法律》十八卷（明版綜錄六卷十一）

子　部

1.《類證注釋小兒方訣》十卷
正統五年種德堂刊（森志）
2.《外科備要》三卷
天順甲申種德堂刊（森志）
3.《增廣太平惠民和劑局方》十卷
成化二年種德堂刊（森志）
4.《增證陳氏小兒痘疹方論》二卷
成化己丑年刊（森志）
5.《新編婦人良方補遺大全》二十四卷（森志）
6.《新刊補注釋文黃帝內經素問》十二卷（中圖四六六）
7.《素問入式運氣論奥》三卷
成化十年歲舍甲午鰲峯熊氏種德堂刊（丁志）
8.《素問內經遺編》一卷（丁志）
9.《雅尚遵生八牋》十九卷（中圖六〇七）
10.《類編傷寒活人書括指掌圖論》十卷、《提綱》一卷（國會四九五）
11.《新增素問運氣圖括定局立成》一卷（國會四九三）
12.《傷寒必用運氣全書》十卷
正德八年熊宗立厚德堂刊（明版綜錄三卷三五）
13.《新刊袖珍方大全》四卷
正統十年熊宗立刊（明版綜錄六卷十一）
14.《新編方名類證醫書大全》二十四卷、《醫學源流》一卷
明成化三年刊（明版綜錄六卷十一）
15.《醫經小學》六卷
成化九年刊（明版綜錄六卷十一）

16. 《注解傷寒論》十卷
正德四年刊（明版綜錄六卷十一）
17. 《醫學叢書五種》二十九卷（明版綜錄六卷十一）
18. 《懸壺故事》五卷（明版綜錄六卷十一）
19. 《新刊指南臺司袁天罡先生五星三命大全》四卷（明版綜錄六卷十一）
20. 《新鍥赤水屠先生注釋天梯翰墨》四卷
萬曆三五年刊（明版綜錄六卷十一）

熊沖宇種德堂

經　部

1. 《新刻金陵原版易經開心正解》（明版綜錄六卷十四）
2. 《新刻楊會元眞傳詩經講義懸鑑》二十卷（明版綜錄六卷十四）
3. 《書經便蒙講義》二卷
萬曆三九年刊（明版綜錄六卷十四）
4. 《鼎鐫洪武元韻勘正補訂經書切字海篇玉鑑》二十卷
萬曆元年刊（明版綜錄六卷十四）

史　部

1. 《歷朝紀要綱鑑》二十卷
萬曆壬子歲刊（國會）
2. 《新鍥評林注釋歷朝捷錄》二卷
萬曆三六年刊（明版綜錄六卷十四）
3. 《鼎鍥葉太史彙纂玉堂綱鑑》七十二卷（明版綜錄六卷十四）
4. 《鋟顧太史續選諸子史漢國策學玄珠》二卷
萬曆間熊沖宇刊（明版綜錄六卷十四）

子　部

1. 《原醫葯性賦》八卷（張氏二）
2. 《圖注難經》（張氏二）
3. 《雅尙齋遵生牋》二十卷（明版綜錄六卷十四）
4. 《新刊太醫院校正圖註指南王叔和脈訣》四卷（中圖四七〇）
5. 《新刊翰苑廣記補訂四民捷用學海群玉》二十六卷
萬曆間熊沖宇刊（明版綜錄六卷十四）
6. 《新刊指南臺司袁天罡先生五星三命大全》四卷
萬曆間刊（明版綜錄六卷十四）

7. 《新刻湯學士校正按鑑演義全傳通俗三國志傳》二十卷
   萬曆間刊（明版綜錄六卷十四）

集　部

1. 《新鐫翰府素翁雲翰精華》六卷（明版綜錄六卷十四）
2. 《唐詩正聲》二十二卷（明版綜錄六卷十四）

熊體忠宏遠堂

1. 《鼎鍥李先生易經考傳新講》十卷
   萬曆二五年刊（明版綜錄六卷十五）
2. 《玉堂校正傳如崗陳先生二經精經全編》九卷
   萬曆二九年刊（明版綜錄六卷十五）
3. 《史記評林》一百三十卷、《附史記短長說》一卷（國會九十）
4. 《地理參贊玄機僊婆集》十三卷（普目二六四）
5. 《精刻編集陽宅眞傳秘訣》六卷
   萬曆二七年刊（明版綜錄六卷十五）

熊咸初

1. 《新刊仁齋直指附遺方論》二十六卷、《小兒附遺方論》五卷、《傷寒類書活人總括》七卷（北京四冊二五）

熊龍峯忠正堂

1. 《馮伯玉風月相思小說》（孫目）
2. 《孔淑芳双魚扇墜傳》（孫目）
3. 《蘇長公章臺柳傳》（孫目）
4. 《張生彩鸞燈傳》（孫目）
5. 《重刊元本題評音釋西廂記》二卷（孫目）
6. 《天妃出身傳》二卷（傅目六五）

熊清波誠德堂

1. 《新刊京本補遺通俗演義三國全傳》二十卷（中圖四七六）

熊安本

1. 《群書六言聯珠雜字》二卷（明版綜錄六卷十四）

熊稔寰燕石居

1. 《屠先生評釋謀野集》四卷
   萬曆四四年熊稔寰燕石居刊（明版綜錄七卷二）

2. 《新鐫天下時尚南北徽池雅調二十七種》二卷
萬曆間刊（明版綜錄七卷二）

鄭少垣聯輝堂、三垣館

1. 《新刊京本校正通俗演義按鑑全傳三國志傳》二十卷
萬曆乙巳歲孟秋月刊（孫目）

鄭氏宗文堂（鄭雲齋世魁、鄭雲竹世豪）

經　部

1. 《周易纂言集注》四卷
嘉靖元年刊（明版綜錄三卷一）
2. 《詩經大全》二十卷、《綱領》一卷、《圖》一卷、《詩序辨疑》一卷
嘉靖二七年刊（明版綜錄三卷二）
3. 《春秋左傳》三十卷
嘉靖二四年刊（明版綜錄三卷二）
4. 《大學衍義補》一百六十卷
皇明癸巳歲刊（中圖四四三）
5. 《韻學大成》四卷
萬曆二六年刊（明版綜錄六卷二一）
6. 《古今韻會舉要》三十卷、《禮部韻略七言三十六音母通考》一卷
嘉靖六年鄭世豪刊（明版綜錄三卷二）
7. 《重校全補海篇直音》十二卷、《首》二卷
萬曆二三年鄭雲竹刊（明版綜錄六卷二一）

史　部

1. 《新刻唐宋名賢歷代確論》十卷
正德年間鄭世豪宗文堂刊（明版綜錄三卷一）
2. 《精選姓源珠璣》七卷
嘉靖十八年鄭世豪刊（明版綜錄三卷二）
3. 《大明一統文武緒衙門官制》五卷
萬曆四一年鄭雲齋寶善堂刊（明版綜錄三卷二）
4. 《新刻決科古今源流至論前集》十卷、《後集》十卷、《續集》十卷
萬曆十八年鄭世豪刊（明版綜錄三卷二）

子　部

1. 《新刊性理大全》七十卷
嘉靖二四年鄭世豪刊（明版綜錄三卷二）
2. 《孔聖全書》十四卷、《圖》一卷
萬曆二七年鄭雲林宗文堂刊（明版綜錄三卷二）
3. 《新刊初學記》三十卷
嘉靖十六年鄭世豪刊（明版綜錄三卷二）
4. 《藝文類聚》一百卷（明版綜錄三卷二）
5. 《鼎鐫校增評注五倫日記故事大全》四卷
萬曆間鄭世豪宗文堂刊（明版綜錄三卷二）
6. 《京本音釋注解書言故事大全》十二卷
萬曆二八年鄭世豪刊（明版綜錄三卷二）
7. 《家禮通行》八卷
萬曆元年書林鄭世豪刊（明版綜錄三卷二）
8. 《五倫書》十二卷
正統元年刊（明版綜錄三卷一）
9. 《銅人針灸經》七卷
正統八年刊（明版綜錄三卷一）
10. 《獨斷》二卷
嘉靖間鄭世豪宗文堂刊（明版綜錄三卷二）
11. 《書言群玉要則》二十卷
萬曆三四年刊（明版綜錄三卷二）
12. 《一變契旨》三十卷
萬曆二六年鄭雲齋寶善堂刊（明版綜錄三卷二一）
13. 《新鍥套補天下四民利觀五車拔錦》三十五卷
萬曆二五年鄭雲齋寶善堂刊（明版綜錄六卷二一）

集　部

1. 《臨川王先生荊公集》一百卷
嘉靖間鄭世豪宗文堂刊（明版綜錄三卷一）
2. 《新刻蔡中郎伯喈文集》十卷
嘉靖三年刊（明版綜錄三卷一）
3. 《篁墩程先生文集》九十四卷
嘉靖十二年鄭世豪刊（明版綜錄三卷二）

4. 《曹子建集》十卷
萬曆三一年鄭世豪刊（明版綜錄三卷二）
5. 《皇明文衡》一百卷
正統八年鄭氏宗文堂刊（明版綜錄三卷一）
6. 《我朝殿聞名公文選》十卷
嘉靖三八年刊（明版綜錄三卷二）
7. 《新刻注釋草堂詩餘評林》四卷
萬曆二二年鄭世豪宗文堂刊（明版綜錄三卷二）
8. 《晦庵五言詩鈔》二卷
萬曆十九年鄭雲竹刊（明版綜錄六卷二一）
9. 《鐫翰林考正國朝七子詩集注解》七卷
萬曆二三年鄭雲竹刊（明版綜錄六卷二一）
10. 《名媛璣囊》四卷
萬曆二三年鄭雲竹刊（明版綜錄六卷二一）
11. 《唐詩鼓吹詳解大全》八卷
萬曆二十年鄭雲齋寶善堂刊（明版綜錄六卷二一）

鄭雲林

1. 《新鍥京本校正通俗演義》二十卷
萬曆三十年鄭雲林刊

鄭氏萃英堂

1. 《廉明奇判公案傳》四卷（明版綜錄五卷十）

鄭以祺

1. 《孔子家語》二卷
書林鄭以祺體晉甫校梓（國會）

鄭以禎

1. 《新鐫校正京本大字音釋圈點三國演義》十二卷
萬曆間刊（明版綜錄六卷二三）

鄭以厚

1. 《戰國策選要》十卷
萬曆十九年鄭以厚刊（明版綜錄六卷二三）
2. 《新鐫翰林李九我先生傳評選要》三卷（明版綜錄六卷二三）

鄭伯剛

1. 《重刊儀禮考注》十七卷
   萬曆間鄭伯剛刊（明版綜錄六卷二二）

鄭大經四德堂

1. 《古今道脉》四十五卷
   萬曆四六年刊（明版綜錄一卷四三）
2. 《新鍥官板批評注釋虞精集》八卷（明版綜錄一卷四三）
3. 《新鍥袁中郎校訂音訓古事鏡》十二卷
   萬曆四三年刊（明版綜錄一卷四三）
4. 《新刻四六旁訓古事苑》二三卷
   萬曆四二年刊（明版綜錄一卷四三）

鄭筆山

1. 《永類鈐方》二十一卷（明版綜錄六卷二二）

鄭純鎬

1. 《鼎鍥纂補標題論策表綱鑑正要精抄》二十卷
   萬曆三四年鄭純鎬刊（明版綜錄六卷二三）

蔡氏道義堂

1. 《類編曆法尅擇通書大全》三十卷
   嘉靖三十年刊（明版綜錄五卷二十）

蔡益所

1. 《文太史先生全集》五十二卷
   萬曆間刊（明版綜錄六卷二四）

鄧以禎

1. 《新鐫校正京本大字音釋圈點三國志演義》十二卷
   萬曆間鄧以禎刊（明版綜錄六卷三八）

德聚堂

1. 《新鋟獵古詞章釋字訓解三臺對類正宗》十九卷
   萬曆間刊（明版綜錄五卷三一）

劉洪慎獨齋

經　部

1. 《春秋經傳集解》三十卷
   嘉靖間刊（明版綜錄五卷四六）
2. 《禮記集說》十卷
   弘治十七年刊（明版綜錄五卷四六）

史　部

1. 《史記》一百三十卷
   正德戊寅年刊（中圖一〇六）
2. 《十七史詳節》二百七十三卷（國會二八一）
3. 《大明一統志》
   弘治十八年刊（普目一七五）
4. 《資治通鑑綱目》五十九卷
   弘治戊午年刊（國會一〇〇）
5. 《資治通鑑纂要》九十二卷
   正德十四年刊（張氏二）
6. 《文獻通考》三百四十八卷、《卷首》一卷
   正德戊寅年刊（普目一八四）
7. 《讀史管見》八十卷
   正德年間刊（陸志）
8. 《皇明政要》二十卷
   正德十二年刊（明版綜錄五卷四六）

子　部

1. 《重刻孫眞人備急千金要方》三十卷、《目錄》一卷（繆記）
2. 《瀛奎律髓》四九卷
   嘉靖間愼獨齋刊（明版綜錄五卷四六）
3. 《璧水群英待問會元》八十二卷
   正德四年刊（丁志）
4. 《群書集事淵海》四十七卷
   正德癸酉五月刊（中圖六三五）
5. 《群書考索前集》六十六卷、《後集》六十五卷
   正德三年刊（普目三二〇）
6. 《春容堂集》六十六卷
   嘉靖十三年刊（丁志）

集　部

1. 《董仲舒集》一卷（天祿）
2. 《象山先生全集》三十三卷（明版綜錄五卷四六）
3. 《歐陽行周集》十卷
   正德間刊（明版綜錄五卷四六）
4. 《蘇氏家傳心學文集大全》七十卷
   正德十二年刊（明版綜錄五卷四六）
5. 《新刊蛟峯批點止齋論祖》二卷
   嘉靖年間刊（北京六冊五八）
6. 《西漢文鑑》二十一卷
   嘉靖癸未年刊（中圖一二一八）
7. 《東漢文鑑》二十卷
   嘉靖癸未年刊（中圖一二一八）
8. 《大宋文鑑》一百五十卷
   正德十三年刊（中圖一二四八）

劉氏安正堂（劉宗器、劉朝琯）

經　部

1. 《朱公遷詩經疏義》二十卷
   嘉靖二年劉氏安正堂刊（北京一冊二三）
2. 《春秋集傳大全》三十七卷、《卷首》一卷
   嘉靖九年劇氏安正堂刊（普目四七）
3. 《詩經大全》二十卷、《綱領》一卷、《圖》一卷（普目十九）
4. 《詩經疏義會通》二十卷
   嘉靖二年刊（北京一冊十三）
5. 《周易傳義大全》三十四卷
   嘉靖十五年劉宗器刊（明版綜錄二卷五）
6. 《新刊禮記纂言》三十六卷
   嘉靖九年劉宗器刊（明版綜錄二卷五）
7. 《禮記集說大全》三十八卷
   嘉靖三九年劉宗器刊（明版綜錄二卷五）
8. 《大學衍義補摘要》四卷
   嘉靖十二年劉宗器刊（明版綜錄二卷五）

9. 《禮記集注》十卷
   萬曆間劉朝琯刊（明版綜錄二卷五）
10. 《新刊詳增補注東萊先生左氏博議》二十五卷
   正德辛未秋安正堂刊（莫志）
11. 《新增說文韻府群玉》二十卷
   弘治甲寅劉氏安正堂刊（國會七〇三）
12. 《韻海全書》十六卷
   萬曆二十三年刊（明版綜錄二卷五）

史　部

1. 《新編漢唐綱目群史品藻》三十卷（張氏二）
2. 《新鍥全補曆法便覽時用通書》四卷
   萬曆二五年劉朝琯刊（明版綜錄二卷五）

子　部

1. 《淮南子》二十八卷
   嘉靖十二年劉宗器刊（明版綜錄二卷四）
2. 《管子》二十四卷
   嘉靖十二年劉宗器刊（明版綜錄二卷五）
3. 《新刊性理大全》七十卷
   明萬曆劉朝琯刊（明版綜錄二卷五）
4. 《鍼灸資生經》七卷
   弘治甲子年安正堂刊（森志補遺）
5. 《丹溪先生金匱良方》三卷
   弘治十六年劉宗器安正堂刊（明版綜錄二卷四）
6. 《新刊醫學啓源》三卷
   嘉靖十一年劉宗器刊（明版綜錄二卷五）
7. 《新刊河間劉守眞傷寒直格方》三卷、《後集》一卷、《續集》一卷、《別集》一卷
   嘉靖十一年劉宗器刊（明版綜錄二卷五）
8. 《王氏秘傳注八十一難經評林捷徑統宗》六卷
   萬曆二七年劉朝琯刊（明版綜錄二卷五）
9. 《王氏秘傳叔和圖注釋義脉訣評林捷徑統宗》八卷
   萬曆二七年劉琯刊（明版綜錄二卷五）

10. 《合并脉訣難經太素評林》十四卷
萬曆二七年劉朝琯安正堂刊（明版綜錄二卷五）
11. 《明醫指掌前集》五卷、《後集》五卷
萬曆七年劉朝琯刊（明版綜錄二卷五）
12. 《新鍥太上尺寶太素張神仙脉訣玄微綱領正宗》七卷
萬曆二七年劉朝琯刊（明版綜錄二卷五）
13. 《璧水群英待問會元選要》八十二卷
嘉靖壬辰刊（范目）
14. 《新編事文類聚翰墨大全》一百二十五卷
萬曆辛亥歲孟夏月重新整補（續繆記）
15. 《萬寶全書》（又名：新板增補天下使用文林妙錦）
萬曆壬子年刊（裘考）
16. 《類聚古今韻府續編》四十卷
正德十二年劉宗器刊（明版綜錄二卷四）
17. 《新編古今事文類聚前集》六十卷、《後集》五十卷、《續集》二十八卷、《別集》三十二卷
萬曆三五年劉双松安正堂刊（明版綜錄二卷五）
18. 《三子金蘭墨》四卷（明版綜錄二卷五）
19. 《金石節奏》四卷
萬曆二五年劉朝琯刊（明版綜錄二卷五）
20. 《鍥王氏秘傳知人風鑑源理相法全書》十卷（中圖五二二）
21. 《推求師意》二卷
弘治十六年刊（明版綜錄二卷四）

集　部

1. 《集千家批注點杜工部詩集》二十卷
正德己卯夏月劉氏安正堂刊（蕙風）
2. 《分類補註李太白集》二十五卷
正德庚辰安正書堂刊（中圖八八一）
3. 《象山先生集》二十八卷、《外集》五卷
辛巳歲孟冬月安正書堂刊（天祿）
4. 《宋濂學士文集》二十六卷、《附錄》二卷
嘉靖三年春月安正堂刊（丁志）

5. 《東萊呂太史全集》四十卷
   嘉靖甲申安正書堂刊（中圖九五四）
6. 《增刊校正王狀元集諸家注分類東坡先生詩》三十卷
   龍集丙戌秋月劉氏安正堂刊（陸志）
7. 《韓文正宗》二卷
   庚寅季夏月安正堂新刊（瞿目）
8. 《淮海集》四十卷、《後集》六卷
   萬曆壬辰安正堂刊（袁簿）
9. 《止齋集》二十六卷、《附錄》一卷、《遺文》一卷（丁志）
10. 《三蘇先生文集》七十卷（中圖一三三三）
11. 《綱山集》（張氏二）
12. 《甘泉先生文錄類選》二十一卷
    嘉靖九年劉宗器刊（明版綜錄二卷四）
13. 《臨川王先生荊公文集》一百卷
    嘉靖十三年劉宗器刊（明版綜錄二卷五）
14. 《韓文考異》四十卷、《外集》十卷、《遺文》一卷
    嘉靖十二年劉宗器刊（明版綜錄二卷五）
15. 《新刊瓊琯白先生文集》十四卷
    萬曆間劉朝琯刊（明版綜錄二卷五）

劉龍田喬山堂、忠賢堂

經　部

1. 《新鐫曾元賢書經發穎集注》六卷
   萬曆四十三年刊（明版綜錄三卷十一）
2. 《天下難字》（張氏二）
3. 《海篇大成》三十卷
   萬曆三十二年刊（明版綜錄五卷二五）

史　部

1. 《千家姓》（張氏二）
2. 《五訂歷朝捷錄百家評論》（張氏二）

子　部

1. 《傷寒活人指掌》五卷
   萬曆庚子孟冬良旦閩喬山堂劉龍田刊（中圖四八〇）

2. 《注解傷寒百證歌發微論》四卷
萬曆辛亥年刊（森志補遺）
3. 《類證增注傷寒百門歌》四卷
萬曆壬子年刊（森志補遺）
4. 《胤產全書》四卷、《婦人脉法》一卷、《提綱》一卷（張氏二）
5. 《明醫雜著》六卷（明版綜錄五卷二五）
6. 《丹溪心法》二十四卷
萬曆二十九年刊（明版綜錄五卷二五）
7. 《本草集要》八卷
萬曆三十年刊（明版綜錄五卷二五）
8. 《徐氏針灸大全》六卷（明版綜錄五卷二五）
9. 《新鍥家傳諸症虛實辨疑示兒仙方總論》十卷
萬曆間刊（明版綜錄五卷二五）
10. 《綉像古文大全》（張氏二）
11. 《文房備覽》（張氏二）
12. 《萬用正宗不求人》三十五卷（明版綜錄五卷二五）
13. 《古今玄相》（張氏二）
14. 《痲衣相法》（張氏二）
15. 《新刻京臺增補淵海子平大全》六卷
龍飛萬曆庚子春月刊（中圖五二二）
16. 《三國志傳》（柳目）

集　部

1. 《張珠玉詩集一卷錢塘夢》一卷（北京八冊八三）
2. 《新刻錢太史評註李于麟唐詩選玉》七卷、《卷首》一卷
萬曆庚戌秋月刊（國會一〇五九）
3. 《古文作品外錄》二十四卷（普目五四〇）
4. 《類定縉紳交際便蒙文翰品藻》（張氏二）
5. 《百家巧聯》（張氏二）
6. 《雪衣賦》（張氏二）
7. 《新刻學餘園類選名公四六鳳采》四卷（明版綜錄六卷三五）
8. 《新鋟訂正評注便讀草堂詩餘》七卷（明版綜錄五卷二五）
9. 《鼎鐫燕臺校正天下通行書柬活套》五卷

萬曆三十三年刊（明版綜錄五卷二五）

10. 《新刻葵陽黃先生南華文體》八卷（明版綜錄五卷二五）

劉氏翠巖精舍（劉君佐、劉文壽）

經　部

1. 《尚書輯錄纂注》六卷
   景泰劉文壽翠巖精舍刊（明版綜錄六卷十三）
2. 《小四書》五卷
   宣德十年劉君佐刊（明版綜錄六卷十三）

史　部

1. 《史鉞》二十卷（明版圖錄三三）
   松鳴門人京兆劉剡校，翠巖後人京兆劉文壽刊
2. 《通鑑節要》五十卷
   宣德三年劉君佐刊（明版綜錄六卷十三）

子　部

1. 《五倫書》六十二卷
   景泰甲戌京兆劉氏翠巖精舍刊（中圖四四二）
2. 《通眞子補注王叔和脈訣》二卷
   成化己丑年刊（張氏二）
3. 《脈要秘括》
   成化己丑年刊（張氏二）
4. 《事林廣記》十二卷
   永樂十六年刊（張氏二）
5. 《事文類聚全集》
   正統十一年劉君佐刊（明版綜錄六卷十三）

集　部

1. 《聯新事備詩學大成》三十卷
   正統十四年劉君佐刊（明版綜錄六卷十三）

劉蓮臺

1. 《新鋟李閣老評注左胡纂要》四卷（明版綜錄六卷三四）
2. 《重刻翰林校正資治通鑑大全》二十卷（大京二冊十六）
3. 《鼎鐫註釋淮南鴻烈解》二十八卷

明萬曆劉蓮臺刊（中圖五六〇）

4. 《鼎鍥全相唐三藏西遊釋厄傳》（中圖六七七）

劉孔敬、劉肇慶

1. 《戰國策奇鈔》八卷
古潭劉肇慶開侯父參訂（普目一四四）
2. 《夢松軒訂正綱玉衡》七十二卷（普目一三四）
潭陽若臨劉孔敬彙訂，男開侯肇慶校閱

劉孔敦

1. 《重訂相宅造福全書》二卷
崇禎己巳刊（中圖五一八）

劉太華

1. 《鼎鍥國朝名公神斷詳刑公案》八卷（大連）

劉成慶、張好

1. 《大明興化府志》五十卷
建陽書林張好、劉成慶繡梓（國會三五一）

劉希信

1. 《醫學正傳》八卷
繡梓者題：「金陵三山街書肆松亭吳江繡梓」，或「金陵原板」，或「書林劉元初繡梓」，或「潭城書林元初劉希信繡梓」。（中圖四七八）

劉克常

1. 《新箋決科古今源流至論前集》十卷、《後集》十卷、《續集》十卷
宣德二年建陽書林劉克常刊（明版綜錄六卷三四）

劉寬裕

1. 《文公先生資治通鑑綱目》五十九卷（明版綜錄六卷三三）

劉　輝

1. 《詩經大全》二十卷、〈附小序辨說〉一卷、《綱領》一卷、《圖》一卷
嘉靖元年刊（明版綜錄六卷三二）
2. 《國語解》三十一卷、《補音》一卷
正德十二年刊（明版綜錄三卷十一）
3. 《書經大全》十卷

嘉靖十一年刊（明版綜錄三卷十一）

4. 《新刊袖珍方大全》四卷

嘉靖元年刊（明版綜錄三卷十一）

5. 《衞生寶鑑》二十四卷（明版綜錄三卷十一）

6. 《新刊陶節庵傷寒十書》十卷（明版綜錄三卷十一）

7. 《大廣益會玉篇》三十卷（明版綜錄三卷十一）

劉廷賓

1. 《新編纂圖增類群書類要事林廣記》四十卷

明成化十四年（明版綜錄六卷三六）

劉舜臣

1. 《新刻註釋孔子家語憲》四卷

萬曆間刊（明版綜錄六卷三六）

蕭氏師儉堂（蕭騰鴻、蕭世熙）

史　部

1. 《鼎鍥欽頒辨疑律例昭代王章》五卷、《名例》一卷

萬曆間蕭少衢師儉堂刊（明版綜錄七卷十三）

子　部

1. 《五子雋》十卷

天啓建陽書林蕭世熙刊（明版綜錄七卷十三）

2. 《鐫陳先生評選莊子南華經雋》四卷（明版綜錄七卷十三）

3. 《鼎鍥十二家參訂萬事不求人博考全編》六卷

萬曆蕭少衢師儉堂刊（明版綜錄七卷十三）

4. 《麒麟罽》二卷（明版綜錄七卷十三）

5. 《古今懸鑑》七卷

天啓六年蕭少衢師儉堂刊（明版綜錄七卷十三）

集　部

1. 《李相國九我先生評選蘇文彙精》六卷

萬曆建陽書林蕭少衢師儉堂刊（明版綜錄七卷十三）

2. 《陳眉公評秦漢文雋》四卷（明版綜錄七卷十三）

3. 《鼎鐫諸家彙編皇名公文雋》八卷（明版綜錄七卷十三）

4. 《新刻李于麟先生批評注釋草堂詩餘雋》四卷

天啓書林蕭少衢師儉堂刊（明版綜錄七卷十三）
5. 《遯庵駢語》五卷（明版綜錄七卷十三）
6. 《鼎鐫玉簪記》二卷（明版綜錄七卷十三）
7. 《鼎鐫繡襦記》二卷（明版綜錄七卷十三）
8. 《鼎鐫紅拂記》二卷（明版綜錄七卷十三）
9. 《鼎鐫陳眉公先生琵琶記》二卷、《釋義》二卷（明版綜錄七卷十四）
10. 《《鼎鐫陳眉公先生批評西廂記》二卷（明版綜錄七卷十四）
11. 《鼎鐫幽閨記》二卷（明版綜錄七卷十四）

羅氏集賢書堂

1. 《魁本袖珍大全》四卷
弘治十八年刊（明版綜錄五卷二十）
2. 《宋文歸》二十卷（明版綜錄五卷二十七）

第五節　廣東省及其也地區

廣東省書坊

正氣堂

1. 《兵錄》十四卷（國會四七五）
崇禎元年歲在戊辰仲秋之吉重訂於粵之正氣堂

劉榮吾藜光堂

1. 《全像三國志傳》（柳目）

劉興我

1. 《新刻全像水滸傳》二十五卷一百十五回（柳目）

其他地區書坊刻書

文秀堂

1. 《新刊考正全像評釋北西廂記》四卷（長澤一）
2. 《櫻桃夢》二卷（長澤一）
3. 《靈寶刀》二卷（長澤一）
4. 《鸚鵡洲》二卷（長澤一）

郜陽書堂

1. 《長安志》二十卷（北京三冊九）

佳麗書林

1. 《征播奏捷傳》六卷（傳目一九〇）

柳浪館

1. 《柳浪館批評邯鄲記》二卷（長澤一）
2. 《柳浪館批評南柯記》二卷（長澤一）
3. 《柳浪館批評紫釵記》二卷（長澤一）

查　氏

1. 《傷寒明理論》二卷（北京四冊二七）

映旭齋、敬書堂

1. 《繡隊平妖全傳》（封面題：「敬書堂藏板」，目次內題：「映旭齋增訂北宋三遂平妖全傳」）（柳目）

香雪居

1. 《新校注古本西廂記》六卷（長澤一）

高士奇環翠堂

1. 《王書記》（長澤一）
2. 《投桃記》（長澤一）
3. 《獅吼記》（長澤一）
4. 《彩舟記》（長澤一）
5. 《義俠記》（長澤一）

唐　謙

1. 《新刊宋國師吳景鸞秘傳夾竹梅花院纂》三卷（北京四冊三七）

留都書肆

1. 《來禽館集存》二十八卷
   崇禎丁丑留都書肆刊（中圖一一〇四）

崇仁書堂

文萃堂

1. 《新鐫選註名公四六雲濤》十卷（中圖一三四七）

方東雲聚奎堂

1. 《重刊巢氏諸病源候總論》五十卷（北京四冊二四）

天繪閣

1. 《曇花記》二卷（長澤一）

王　氏

1. 《坐隱齋先生自訂棋譜全集存》一卷（中圖五四五）

王守渠珍華堂

1. 《新刻異識資諧》四卷、《續識資諧》四卷（北京四冊六五）

安雅堂

1. 《翰海》十二卷（中圖一三四八）

何敬塘

1. 《皇明三元考》十四卷、《科名盛事錄》七卷（北京二冊五八）

竹林堂

1. 《紫釵記》

泊如齋

1. 《泊如齋重修宣和博古圖錄》三十卷（國會六〇八）
   （泊如齋後有改爲東書堂或亦政堂者）

兩錢世家

1. 《新鍥益府藏板從姑脩禊一綫天今奕通玄譜》（北京四冊四六）

尚德堂

1. 《彙書詳註》三十六卷（普目三四〇）

明德書堂

1. 《新刊陶節庵傷寒十書》十卷（北京四冊二八）

周敬吾

1. 《新鐫彙選辨眞崑山點板樂府名詞》二卷（北京八冊九五）

周崑岡

1. 《刻劉太史彙選古今舉業文註釋評林》四卷（北平五冊十五）

林於閣

1. 《春秋胡傳》三十卷
   成化癸巳年刊（清話）
2. 《周易本義》四卷、《首》一卷（國會二）
   嘉靖甲午孟冬崇仁書堂新刊

翁氏雨金堂

1. 《歸先生文集》三十卷、《外集》一卷、《詩》一卷、《附錄》一卷
   萬曆三年刊（中圖一〇八六）

巫峽望僊巖

1. 《新刻全像音注征播奏捷傳通俗演義》六卷
   封面題：「萬曆癸卯秋佳麗書林謹按原本重鐫」。欄外橫題：
   「巫峽望僊巖藏板」（柳目）

清心堂

1. 《聖門通考》十二卷、《聖門年譜》二卷（中圖二〇五）

陳含初

1. 《破窰記》二卷（傅目八一）

起鳳館

1. 《王李二先生合評元本出相西廂記》二卷（長澤一）

黃爾昭存誠堂

1. 《玉堂對類》十九卷、《卷首》一卷（國會七三二）

陸時益

1. 《新刻彙編秦漢文選》八卷（普目五三七）

童氏

1. 《國朝名公詩選》十二卷
   天啓元年刊（中圖一三一二）

善敬書堂

1. 《增修附註資治通鑑節要續編》三十卷（北京二冊十六）

集義堂

1. 《重校琵琶記》二卷（長澤一）

張三懷敦睦堂

1. 《新刊微板全像滾調樂府官腔摘錦奇音》六卷（長澤一）

楊明峯

1. 《新鍥龍興名世錄皇明開運英武傳》八卷
   萬曆十九年刊（柳目）

楊帝卿

1. 《新刻訂補註釋會海對類》十九卷、《首》一卷（北京五冊十四）

葉應祖

1. 《五百穀全集》十四卷（國會一〇一一）
   書內題：「書林葉應祖刊」，扉頁題：「聚星館葉均宇刊」

葉順檀香館

1. 《海內名公雲翰玉唾新編》

萬卷堂

1. 《四明居硃訂四書聖賢心訣》十九卷、《字畫辨疑》一卷、《問辨》一卷（北京一冊三十）

彙錦堂

1. 《古詩歸》十五卷、《唐詩歸》三十六卷（普目五四三）

詹　氏

1. 《風雅翼》八卷、《補遺》二卷、《續編》四卷、《附胡炳文感興詩》一卷（中圖一一八三）

劉氏翠巖堂慎思齋

1. 《新刊南軒先生文集》四十四卷（北京六冊六一）

鄭瑞我

1. 《戰國策玉壺冰》八卷
   萬曆丙辰孟春月書林鄭氏瑞我繡梓

蔡正河愛日堂

1. 《鼎雕崑池新調樂府八能奏錦》五卷（長澤一）

餘慶書堂

1. 《臞仙肘後神樞》二卷（北京四冊三九）

魏　家

1. 《世醫得效方》二十卷（北京四冊二五）
2. 《新編醫方大成》十卷（北京四冊二五）

寶珠堂

1. 《丹桂記》二卷（北京八冊八九）

羅　氏

1. 《新鋟悟眞篇二註》三卷（中圖八三五）

顧曲齋

1. 《李亞仙花酒曲江池》（長澤一）
2. 《秦修然竹塢聽琴》（長澤一）
3. 《玉蕭女兩世姻緣》（長澤一）
4. 《杜蘂娘智賞金線池》（長澤一）
5. 《李太白匹配金錢記》（長澤一）
6. 《江州司馬青杉淚》（長澤一）
7. 《洞庭湖柳毅傳書》（長澤一）
8. 《謝金蓮詩酒紅梨花》（長澤一）
9. 《荆楚臣重對玉梳》（長澤一）
10. 《宋太祖龍虎風雲會》（長澤一）
11. 《迷青瑣倩女離魂》（長澤一）
12. 《錢大尹智勘緋衣夢》（長澤一）
13. 《唐明皇秋夜梧桐雨》（長澤一）
14. 《李雲英風送梧桐葉》（長澤一）
15. 《白敏中㑳梅香》（長澤一）
16. 《蕭淑蘭情寄菩薩蠻》（長澤一）
17. 《漢元帝孤雁漢宮秋》（長澤一）
18. 《臨江驛瀟湘夜雨》（長澤一）

龔君延

1. 《鼓掌絕塵四集》（柳目）

第七章　結　論

本文中所收列之書坊共計四〇五家，刻書一一三二種，其中閩建書坊一百五十一家，刻書五六〇種；浙江書坊五十家，刻書一〇四種；金陵書坊九二家，刻書二四三種；蘇州三六家，刻書七四種；北京書坊九家，刻書三五種；新安書坊三家，刻書二六種；富沙書坊三家，刻書三種，其他不知地區者六一家，刻書八七種。

明代書坊以萬曆以後最爲興盛，很多書坊及其刻書年代皆在萬曆年間。明代書坊甚多皆爲家族企業，尤以建陽、金陵兩地的家族色彩最濃，如建陽的余氏、劉氏、楊氏、葉氏、陳氏，金陵的唐氏、周氏等家族，刻書最多。明代書坊刻書內容最多且最具特色的當爲戲曲、小說、及醫書，而其中小說以建陽刻得最多，戲曲以金陵爲主，醫書則以建陽熊氏、新安吳勉學等刻得最多，其他地區亦有不少刻本。由於戲曲、小說爲明代書坊大量的刻印流傳，使得這一民俗文學不因清代《四庫全書》的編纂而不傳，這可說是明代書坊的一大貢獻。

明代書坊在藏書家的評價中雖然信譽不佳，但明代的版刻藝術在中國印刷史上實佔舉足輕重的地位，如閔氏的套板，胡氏的餖版，以及戲曲小說的插圖，皆爲偉大的藝術成就。由於明代書坊的大量刻書，降低價格，使得書籍得以普遍傳佈，而明代書坊中劣版誠然不少，但佳本亦多，就是惡評最多的麻沙本，事實上亦不當只擁有惡聲。

書坊是文化傳佈的重要動力，但一直爲人所忽略，前人著墨不多，只有胡應麟、葉德輝，近人如張秀民等較爲重視，但亦未做全面且深入之研究。本文之研究因限於史料之不足，與時間之有限，亦無法完整而深入，尤其對書坊刻書之特色，書坊之家世背景等重要之課題，因文獻不足，皆無法深入探討，此外尚有六十餘家書坊無法確定其地區，書坊之種類、刻書及分佈亦需再加探討，希望藉此文拋磚引玉，喚起同道之重視，繼續對本文有所增改，是所亟盼。

附錄一：引用目錄簡稱一覽表

（按首字筆畫順序排列）

註：凡未標上簡稱者皆爲《明代版刻綜錄》所收列，文中皆簡稱「明版綜錄」。

1.	《八千卷樓善本書室藏書志》	
2.	《大連圖書館所見中國小說書目》	（大連）
3.	《上海圖書館善本書目》	
4.	《上海博物館藏》	
5.	《上海文物保管委員會善本書目》	
6.	《中國古典文學版畫選集》（傅惜華編）	（傅目）
7.	《中國版刻圖錄》	（中版圖錄）
8.	《中國通俗小說書目》	（小說書目）
9.	《中國叢書綜錄》	
10.	《中國地方志綜錄》	
11.	《中醫聯合目錄》	
12.	《中醫書名異同錄》	
13.	《中山圖書館善本書目》	
14.	《日本東京所見中國小說書目》	（孫目）
15.	《日本訪書志》	（楊志）
16.	《五十萬卷樓書藏目錄初編》	（莫志）
17.	《天津市人民圖書館善本書目》	
18.	《文祿堂訪書記》	
19.	《甘肅省圖書館善本書目》	
20.	《北京圖書館善本書目》	（北京）

21. 《北京大學圖書館藏李氏書目》
22. 《北京師範大學圖書館善本書目》
23. 《四庫簡明目錄標注》
24. 《四部叢刊書目》
25. 《史記書錄》
26. 《西諦書目》
27. 《安徽文獻書目》
28. 《曲海總錄》（曲海總錄）
29. 《杭州大學圖書館善本書目》
30. 《明代版本圖錄初編》（明版圖錄）
31. 《明代北京的刻書》（張氏一）
32. 《明代傳奇全目》
33. 《明代刻書最多之建寧書坊》（張氏二）
34. 《明清筆記叢書》
35. 《明代南京刻書》（張氏三）
36. 《明代版刻綜錄》（明版綜錄）
37. 《美國國會圖書館藏中國善本書目》（國會）
38. 《家藏中國小說書目》（長澤一）
39. 《家藏曲本目錄》（長澤二）
40. 《南京圖書館善本書草目》
41. 《南京博物院藏》
42. 《南京大學圖書館書目》
43. 《南京圖書館善本卡片目錄》
44. 《南通圖書館藏》
45. 《范氏天一閣書目》
46. 《涵芬樓燼餘書錄》
47. 《浙江圖書館善本書目》
48. 《書林清話》（清話）
49. 《倫敦所見中國小說書目》（柳目）
50. 《清代禁書知見錄》
51. 《國立中央圖書館善本書目》（中圖）

52. 《常熟藝文志》
53. 《現存本草書錄》
54. 《善本劇曲經眼錄》（張目）
55. 《善本書所見錄》
56. 《普林斯敦大學葛思德東方圖書館中文善本書目》（普目）
57. 《馮平山圖書館藏善本書錄》（馮目）
58. 《楚辭書目五種》
59. 《華東師範大學圖書館善本書目》
60. 《無錫圖書館藏》
61. 《復旦大學圖書館善本書目》
62. 《欽定天祿琳琅書目、續目》（天祿）
63. 《經籍訪古志》（森志）
64. 《福建大學圖書館善本書目》
65. 《鎮江博物館藏》
66. 《蘇州市圖書館藏》
67. 《藝風藏書記》（繆記）
68. 《鐵琴銅劍樓藏書目錄》（瞿目）

參考書目

一、期刊文獻

1. 王樹偉，〈記最近所見幾部珍本戲曲〉，《文物》，1961 年；第三期，頁 8。
2. 王樹村，〈民間版畫聚散記〉，《文物》，1963 年第三期，頁 47。
3. 老外，〈北京琉璃廠史話雜綴〉，《文物》，1961 年第一期，頁 26～33。
4. 沈燮元，〈明代江蘇刻書事業概述〉，《學術月刊》，1957～9，頁 78～81。
5. 汪慶正，〈記文學、戲曲和版畫史上的一次重要發現〉，《文物》，1973 年第十一期，頁 58。
6. 柳存仁，〈論明清中國通俗小説之板本〉，《聯合書院學報》，二期，頁 1～36。
7. 封思毅，〈明代蜀刻述略〉，《中國國學》，十一期，民國 72 年 9 月，頁 193～215。
8. 柴子英，〈談十竹齋刊印的幾種印譜〉，《文物》，1960 年第八、九期，頁 76～77。
9. 梁子涵，〈建安余氏刻書考〉，《福建文獻》，民國 57 年 3 月，一期，頁 53～58。
10. 張秀民，〈明代印書最多的建寧書坊〉，《文物》，1976，六期，頁 76～80。
11. 張秀民，〈明代南京的印書〉，《文物》，1980 年第十一期，頁 78～83。
12. 長澤規矩也，〈家藏中國小説書目〉，《書誌學》，1938 年，八卷五期，頁 35～39。
13. 長澤規矩也，〈明代戲曲刊行者初稿〉，《書誌學》，1936 年七卷一期，頁 2～9。
14. 神田喜一郎，〈家藏明代戲曲小説目錄〉，《書誌學》，1936 年七卷三期，頁 32。
15. Wu, Kuang-Ching（吳光清），"Ming printing and printers" *Harvard Journal of Asiatic Studies* 7（1942～43） p203～260
16. Wu, Kuang-Ching（吳光清），"Colour printing in the Ming dynasty" *Tien～hsia Monthly* 2（1940） p30～44

二、論著部份

1. 丁丙，《善本書室藏書志》，臺北：廣文書局，民國 65 年。

2. 日本東北大學附屬圖書館，《東北大學所藏和漢書古典分類目錄》，日本：東北大學，昭和五一年。
3. 北京圖書館，《中國版刻圖錄》，北京：文物出版社，1961年。
4. 王鏊等，《姑蘇志》，臺北：學生書局影印，民國54年。
5. 《中國古典文獻學》，臺北：木鐸出版社，民國72年。
6. 王伯敏，《中國版畫史》，九龍：南通圖書公司。
7. 王重民輯錄、袁同禮校，《美國國會圖書館藏中國善本書目》，臺北：文海出版社，民國61年。
8. 京都大學人文科學研究所，《京都大學人文科學研究所漢籍目錄》，京都：編者印行，昭和五四年。
9. 京都大學文學部，《京都大學文學部漢籍分類目錄》，京都：編者印行，昭和三四年。
10. 《武林掌故叢編》，臺北：臺聯國風出版社，民國56年。
11. 何治基等，《安徽通志》，臺北：華文書局，民國56年。
12. 屈萬里，《普林斯敦葛斯德東方圖書館中文善本書目》，臺北：藝文印書館，民國64年。
13. 吳秀之等修，《吳縣志》，臺北：成文出版社，民國59年。
14. 胡正言，《十竹齋箋譜序》。
15. 胡應麟，《少室山房筆叢》，在讀書記叢書第二集，臺北：世界書局，民國52年。
16. 昌彼得，《說郛考》，臺北：文史哲出版社，民國68年。
17. 林啓昌，《印刷文化史》，臺北：五洲出版社，民國69年。
18. 屈萬里、昌彼得，《圖書板本學要略》，臺北：華岡出版公司，民國67年。
19. 施鴻保，《閩雜記》，臺北：閩粵書局，民國57年。
20. 高濂，〈燕閒清賞箋〉，收在《四庫全書珍本》第九集《遵生八牋》，臺北：商務印書館。
21. 柳存仁，《倫敦所見中國小說書目提要》，臺北：鳳凰出版社，民國63年。
22. 杜信孚，《明代版刻綜錄》，江蘇：廣陵古籍刻印社，1983。
23. 彭元端，《欽定天祿琳琅書目、續目》，臺北：廣文書局，民國55年。
24. 孫從添，《藏書紀要》，臺北：廣文書局，民國57年。
25. 孫楷第，《日本東京所見中國小說書目——附大連圖書館所見中國小說書目》，臺北：鳳凰出版社，民國63年。
26. 黃文暘，《曲海總目提要》，臺北：新興書店，民國56年。
27. 莫伯驥，《五十萬卷樓藏書目錄初編》，臺北：廣文書局，民國56年。
28. 莫祥芝等修，《同治上江兩縣志》，清同治十三年刊，臺北：學生書局影印，民國57年。

29. 陸心源，《皕宋樓藏書志》，臺北：廣文書局，民國 57 年。
30. 陸心源，《儀顧堂題跋、續跋》，臺北：廣文書局，民國 57 年。
31. 楊守敬，《日本訪書志》，臺北：廣文書局，民國 56 年。
32. 國立中央圖書館編，《國立中央圖書館善本書目》，臺北：編者印行，民國 56 年。
33. 孫楷第，《中國通俗小說書目》，臺北：木鐸出版社，民國 72 年。
34. 徐康，《前塵夢影錄》，《美術叢書》初集第二輯，神州國光出版社，民國 26 年。
35. 柳存仁，《四遊記的明刻本》，和風堂讀書記下，香港：龍門書店，民國 66 年，頁 379～431。
36. 李光璧，〈明朝的文化〉，《明朝史略》第八章，武漢：湖北人民出版社，民國 46 年，頁 206～232。
37. 陳國慶、劉國鈞，《版本學》，臺北：西南書局，民國 67 年。
38. 陳壽祺等，《福建通志》，清同治十年重刊本，臺北：華文書局影印。
39. 喬衍琯、張錦郎，《圖書印刷史論文集》，臺北：文史哲出版社，民國 64 年，《續集》，民國 68 年。
40. 張秀民，《中國印刷術的發明及其影響》，臺北：文史哲出版社，民國 69 年。
41. 張棣華，《善本劇曲經眼錄》，臺北：文史哲出版社，民國 65 年。
42. 葉盛，《水東日記》，臺北：學生書局，民國 54 年。
43. 葉夢得，〈石林燕語〉，《筆記小說大觀》第七輯，臺北：新興書局。
44. 葉德輝等，《書林清話附書林雜話》，臺北：世界書局，民國 63 年。
45. 森立之等，《經籍訪古志》，臺北：廣文書局，民國 56 年。
46. 傳惜華，《中國古典文學版畫選集》，上海：人民美術出版社。
47. 新興書局編，《筆記小說大觀》，臺北：新興書局。
48. 喬衍琯等，《書林掌故叢編》，香港：中山圖書公司，1973 年。
49. 陶湘，《閔板書目》。
50. 謝肇淛，《五雜俎》，臺北：新華書局，民國 60 年。
51. 潘其慶編，《古逸書》三十卷附語一卷，明萬曆刊本。
52. 福建版本志，《福建通紀》，臺灣大通書局，民國 11 年，頁 1589～1612。
53. 福建通志局，《福建通紀》，臺灣：大通書局，民國 11 年。
54. 劉家璧，《中國圖書史資料集》，香港：龍門書店，1974 年。
55. 靜宜文理學院中國古典小說研究中心編，《中國古典小說研究專集》二，臺北：聯經出版社，民國 70 年。
56. 謝國楨，〈工藝美術〉，《明代社會經濟史料選編》第三章，頁 322～334；〈商品經濟的發展和資本主義萌芽的出現〉，第五章，福州：福建人民出版社，1980 年。

57. 盧前等，《書林掌故》，香港：孟氏圖書公司，1972。
58. 饒宗頤，《香港大學馮平山圖書館藏善本書錄》，香港：龍門書店，1970年。
59. 瞿鏞，《鐵琴銅劍樓藏書目錄》，臺北：廣文書局，民國56年。
60. 羅錦堂，《中國戲曲總目彙編》，香港：萬有圖書公司，1966年。
61. 顧廷龍、潘承弼，《明代版刻圖錄初編》，開明書店，民國33年。
62. 《合印四庫全書總目提要及四庫未收書目禁燬書目》，臺北：商務印書館，民國60年。
63. 繆荃孫，《藝風藏書紀》、續紀，臺北：廣文書局，民國56年。
64. 顧炎武，《天下郡國利病書》，臺北：藝文印書館，民國53年。
65. 長澤規矩也，《明代插圖本圖錄——內閣文庫所藏短篇小説之部》，東京：山本書店，綫裝65頁。
66. Goodrich, L Carrington 編，《明代名人傳》，臺北：南天出版社，民國67年。